RESISTÊNCIA DOS MATERIAIS
Um guia prático

Valério Silva Almeida
Marcelo Greco
Daniel Nelson Maciel

© 2019, Elsevier Editora Ltda.

Todos os direitos reservados e protegidos pela Lei nº 9.610, de 19/02/1998.

Nenhuma parte deste livro, sem autorização prévia por escrito da editora, poderá ser reproduzida ou transmitida sejam quais forem os meios empregados: eletrônicos, mecânicos, fotográficos, gravação ou quaisquer outros.

ISBN 978-85-352-9380-7
ISBN (versão digital): 978-85-352-9381-4

Revisão: Carla Camargo Martins
Editoração Eletrônica: Estúdio Castellani

Elsevier Editora Ltda.
Conhecimento sem Fronteiras
Rua da Assembleia, nº 100 – 6º andar – Sala 601
20011-904 – Centro – Rio de Janeiro – RJ – Brasil

Av. Doutor Chucri Zaidan, nº 296 – 23º andar
04583-110 – Broklin Novo – São Paulo – SP – Brasil

Serviço de Atendimento ao Cliente
0800 026 53 40
atendimento1@elsevier.com

Consulte nosso catálogo completo, os últimos lançamentos e os serviços exclusivos no site www.elsevier.com.br

---

NOTA

Muito zelo e técnica foram empregados na edição desta obra. No entanto, podem ocorrer erros de digitação, impressão ou dúvida conceitual. Em qualquer das hipóteses, solicitamos a comunicação ao nosso serviço de Atendimento ao Cliente para que possamos esclarecer ou encaminhar a questão.

Para todos os efeitos legais, a Editora, os autores, os editores ou colaboradores relacionados a esta obra não assumem responsabilidade por qualquer dano/ou prejuízo causado a pessoas ou propriedades envolvendo responsabilidade pelo produto, negligência ou outros, ou advindos de qualquer uso ou aplicação de quaisquer métodos, produtos, instruções ou ideias contidos no conteúdo aqui publicado.

A Editora

CIP-Brasil. Catalogação na Publicação
Sindicato Nacional dos Editores de Livros, RJ

M138r   Greco, Marcelo
          Resistência dos materiais : um guia prático / Marcelo Greco, Valério Almeida, Daniel Maciel – 1. ed. – Rio de Janeiro : Elsevier, 2019.

          Inclui bibliografia
          ISBN 978-85-352-9380-7

          1. Engenharia mecânica. 2. Resistência de materiais. I. Greco, Marcelo. II. Almeida, Valério. III. Título.

19-57573   CDD: 620.11
                                                  CDU: 620.1

Meri Gleice Rodrigues de Souza – Bibliotecária CRB-7/6439

Ofereço este livro à minha esposa Ariadine e às minhas filhas Cecília e Laura.
VALÉRIO SILVA ALMEIDA

Dedico esta obra à minha esposa Jisela e aos meus filhos Daniel, Amanda e Luana.
MARCELO GRECO

À minha família, à minha esposa Elisânia e aos meus filhos Davi e Diego.
DANIEL NELSON MACIEL

Os autores

Valério Silva Almeida
Doutor em Engenharia de Estruturas pela Universidade de São Paulo. Professor da Escola Politécnica da Universidade de São Paulo em disciplinas de graduação: Introdução à Mecânica das Estruturas e Resistência dos Materiais, e na pós-graduação leciona o curso de Análise Matricial de Estruturas Reticuladas, casos estáticos, dinâmicos, não lineares físico e geométrico. Desenvolve pesquisas em modelagens numéricas, aplicados à solução na Engenharia Civil, no aprimoramento de modelos em Edifícios Altos, Interação Fluido-Solo-Estrutura e Otimização, orientando trabalhos de mestrado e doutorado. É autor de dezenas de artigos em revistas internacionais e nacionais. No setor de extensão, participou do desenvolvimento de sistemas computacionais de empresas nos seguintes campos: interação solo-estrutura, monitoramento estrutural de pontes estaiadas, aplicativos de lajes e de fundação profunda, dentre outros.

Marcelo Greco
Doutor em Engenharia de Estruturas pela Universidade de São Paulo. Trabalha como Professor associado na Universidade Federal de Minas Gerais, vinculado ao Departamento de Engenharia de Estruturas. Leciona a disciplina Resistência dos Materiais nos cursos de Engenharia Aeroespacial e Engenharia Mecânica, além de Fundamentos de Mecânica dos Sólidos, Análise Estrutural e Métodos Numéricos para pós-graduação. É autor e revisor de diversos artigos científicos publicados em revistas nacionais e internacionais. Desenvolve pesquisas científicas sobre métodos numéricos, análise não linear, dinâmica das estruturas e análise estrutural. É orientador em diversos cursos de graduação, mestrado e doutorado, no decorrer da última década.

Daniel Nelson Maciel
Doutor em Engenharia de Estruturas pela Universidade de São Paulo, com estágio de doutorado na Universidade de Cambridge, Reino Unido. Trabalha como Professor adjunto na Universidade Federal do Rio Grande do Norte, vinculado à Escola de Ciências & Tecnologia. Atuou como engenheiro de Estruturas Aeronáuticas (*Stress Engineer*) nas empresas Akaer Engenharia, Aernnova Engineering e Boeing Company. Atua como professor permanente do Programa de Pós-graduação em Engenharia Civil (PEC) da UFRN. No âmbito da graduação e pós-graduação, leciona disciplinas relacionadas com mecânica dos sólidos, resistência dos materiais, teoria da elasticidade e métodos numéricos. Pesquisa e trabalha no desenvolvimento de formulações não lineares em Métodos dos Elementos Finitos com ênfase em análise estática e dinâmica de estruturas.

SOBRE EXERCÍCIOS ON-LINE

Em http://sites.poli.usp.br/p/valerio.almeida/, você encontrará uma lista de exercícios propostos (com respostas) que será atualizada com frequência.

Prefácio

Têm surgido na literatura técnica brasileira diversos livros-texto sobre resistência dos materiais, tendo em vista as aplicações na Engenharia Estrutural. Entretanto, são poucas as publicações que abordam o assunto com clareza suficiente para que os não iniciados compreendam o suficiente para desenvolver bons projetos.

Este livro preenche essa lacuna com numerosos problemas criteriosamente extraídos da vida profissional dos autores, abrangendo mais de 300 páginas com detalhes explicativos, facilitando sua rápida assimilação. O texto descreve problemas reais, desde os mais simples, muito frequentes, até os problemas complicados que surgiram em casos especiais da vida profissional. São abordados problemas com tensões normais com flexão e torção, com cisalhamento simples (corte puro) ou combinado com outros esforços, procurando não omitir nada do que precisou ser aplicado em seus projetos.

Os exemplos abrangem estruturas de edifícios, pontes, galerias, túneis, silos, torres e muitos outros em obras civis, obras do serviço público, governamentais e industriais.

Não obstante todas essas explicações, deixo aqui meu melhor conselho para que se tenha êxito na profissão: não existe outro modo melhor de APRENDER do que FAZER. Quem errou, continuará a errar. Mas quem acertou nunca mais se esquecerá.

Os autores Marcelo Greco e Daniel Nelson Maciel já haviam publicado um livro análogo sem os preciosos exemplos — *Resistência dos Materiais: uma abordagem sintética* — da Editora Elsevier. O terceiro autor, Valério Almeida é professor da Escola Politécnica de São Paulo (EPUSP) desde 2011.

O livro, que acumula as capacidades dos autores (que bem merecem nosso sincero elogio pela iniciativa geralmente pouco lucrativa), demanda muita força de vontade, exige estar em dia com o conhecimento universal da matéria e — principalmente — ter a certeza de que tudo o que obtiveram na profissão não foi consequência de atividades indignas, como se tornou frequente no Brasil atual.

Mesmo aquele que já conhece bem a matéria poderá tirar proveito dos novos ensinamentos: ninguém consegue adquirir conhecimento de tudo e ser melhor do que alguém que FEZ.

O autor, Valério Almeida, tem dado sua contribuição à empresa TQS durante vários anos, colaborando com os vários sistemas que ela utiliza, inclusive no campo das fundações.

Aconselho os autores a não finalizarem essas atividades didáticas apenas com este volume, pois o Brasil ainda não tem tudo o que realmente necessita nesse campo.

São Paulo, abril de 2019

Dr. Eng. Augusto Carlos de Vasconcelos
Ex-professor da Escola de Engenharia Mackenzie

Sumário

Os autores	vii
Prefácio	ix

Capítulo 1
Tensão, deformação, equilíbrio e solicitações axial e de corte — 1

1.1 CONCEITO DE TENSÃO	1
1.1.1 Análise de estados planos de tensão e deformação	3
1.2 CONCEITO DE DEFORMAÇÃO	13
1.2.1 Deformação normal	13
1.2.2 Deformação por cisalhamento	14
1.2.3 Transformação de componentes de deformações	17
1.3 PROPRIEDADES MECÂNICAS DOS MATERIAIS	20
1.3.1 Diagramas tensão-deformação	20
1.3.2 Energia de deformação	22
1.4 EQUILÍBRIO E ESFORÇOS SOLICITANTES	26
1.4.1 Equilíbrio em duas dimensões	28
1.4.2 Esforços solicitantes	31
1.4.3 Relações entre força distribuída, esforço cortante e momento fletor	33
1.4.4 Traçado dos diagramas de esforços solicitantes	34
1.5 SOLICITAÇÃO AXIAL	37
1.5.1 Princípio de Saint-Venant	37
1.5.2 Deformação elástica de um elemento solicitado axialmente	37
1.5.3 Princípio da superposição de efeitos	39
1.5.4 Análise de tensões térmicas aplicadas em elementos reticulados	40
1.6 CISALHAMENTO PURO	42
1.7 EXERCÍCIOS RESOLVIDOS	45
Conceitos de tensão e deformação	45
Propriedades mecânicas dos materiais	48
Equilíbrio e esforços solicitantes	58
Solicitação axial	68
Cisalhamento puro	74

Capítulo 2
Torção — 79

- 2.1 TORÇÃO EM BARRAS DE SEÇÃO CIRCULAR — 79
  - 2.1.1 Tensões em um elemento na superfície da barra — 80
  - 2.1.2 Ângulo de torção (ϕ) — 82
- 2.2 TORÇÃO EM SEÇÕES FECHADAS DE PAREDES FINAS — 85
  - 2.2.1 Primeira fórmula de Bredt — 86
  - 2.2.2 Segunda fórmula de Bredt — 88
- 2.3 TORÇÃO EM BARRAS COM SEÇÕES MACIÇAS NÃO CIRCULARES — 90
- 2.4 EXERCÍCIOS RESOLVIDOS — 93
  - Torção em barras de seção circular — 93
  - Torção em seções fechadas de paredes finas — 102
  - Torção em barras com seções maciças não circulares — 109

Capítulo 3
Flexão e linha elástica — 113

- 3.1 DEFORMAÇÃO POR FLEXÃO PURA EM UM ELEMENTO SEM CURVATURA INICIAL — 113
- 3.2 FÓRMULA DA FLEXÃO — 114
  - 3.2.1 Relação momento-curvatura — 116
  - 3.2.2 Relação tensão-momento fletor (fórmula da flexão) — 116
- 3.3 VIGAS COMPOSTAS — 118
- 3.4 FLEXÃO ASSIMÉTRICA — 122
  - 3.4.1 Fórmula geral da flexão — 124
- 3.5 LINHA ELÁSTICA EM VIGAS — 128
  - 3.5.1 Método da integração direta — 130
  - 3.5.2 Método baseado no uso de funções singulares — 131
- 3.6 EXERCÍCIOS RESOLVIDOS — 134
  - Flexão pura — 134
  - Vigas compostas — 148
  - Flexão assimétrica — 153
  - Linha elástica em vigas — Método da integração direta e funções de descontinuidade — 159

Capítulo 4
Cisalhamento — 169

- 4.1 CISALHAMENTO EM VIGAS RETICULADAS PRISMÁTICAS — 169
  - 4.1.1 Fórmula do cisalhamento — 170
  - 4.1.2 Distribuição das tensões de cisalhamento em vigas — 172

4.2	CISALHAMENTO EM SEÇÕES COMPOSTAS DE PAREDES FINAS	175
	4.2.1 Exemplos de distribuição de fluxos de cisalhamento em seções de paredes finas	175
4.3	CENTRO DE CISALHAMENTO EM SEÇÕES DE PAREDES FINAS	179
4.4	EXERCÍCIOS RESOLVIDOS	183
	Cisalhamento em vigas reticuladas prismáticas	183
	Cisalhamento em seções compostas de paredes finas	193
	Centro de cisalhamento em seções de paredes finas	200

Capítulo 5
Flambagem de colunas — 207

5.1	CARGA CRÍTICA E FLAMBAGEM	207
	5.1.1 Carga crítica em colunas rígidas	208
5.2	FLAMBAGEM DE COLUNAS ELÁSTICA	211
	5.2.1 Carga crítica de flambagem de Euler: coluna bi-apoiada	211
	5.2.2 Tensão crítica	214
	5.2.3 Efeito das condições de contorno na flambagem de colunas	215
5.3	EXERCÍCIOS RESOLVIDOS	221

Referências — 231

Capítulo 1

Tensão, deformação, equilíbrio e solicitações axial e de corte

Este capítulo trata da análise de problemas de Resistência dos Materiais relacionados com casos envolvendo estados planos de tensão. O presente assunto é baseado no livro dos autores Greco e Maciel (2016).

São aqui estudados problemas relacionados com transformações planas de tensões e deformações, solicitação axial e cisalhamento simples. Conceitos importantes, tais como o de tensão e deformação com ênfase em problemas dos estados planos de tensão são estudados neste capítulo. As transformações de tensores usando o círculo de Mohr também são apresentados neste capítulo, como alternativa mais simples às equações de transformações.

1.1 CONCEITO DE TENSÃO

Tensão é uma grandeza que representa relações entre esforços internos e dimensões de superfície nas partículas de um sólido deformável. As componentes de tensões são constituídas por parcelas associadas à direção normal para um dado plano (componentes de tensão normal) e por parcelas associadas às direções no próprio plano da superfície considerada (componentes de tensão de cisalhamento).

A definição de tensão de Cauchy (σ) é baseada na relação diferencial entre força (F) e área (A) deformada de um ponto material.

$$\boxed{\sigma = \lim_{\Delta A \to 0} \frac{\Delta F}{\Delta A} = \frac{dF}{dA}} \qquad (1.1)$$

Dessa definição, obtém-se uma importante relação inversa que será utilizada para obtenção de esforços internos de equilíbrio em corpos sólidos deformáveis.

$$\boxed{F = \int_A \sigma \, dA} \qquad (1.2)$$

Assim, conforme ilustrado na Figura 1.1, observa-se que a tensão é calculada para um ponto específico associado ao plano e possui componentes tanto na direção normal (**n**) quanto nas direções do próprio plano da área.

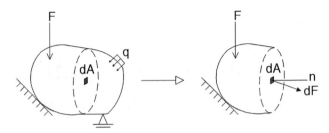

FIGURA 1.1 Força interna de equilíbrio atuante em um ponto dA, proveniente do equilíbrio estático da metade de um corpo sólido deformável.

As tensões em um ponto material (σ) possuem componentes de tensão normal e de cisalhamento. A representação das tensões para o caso tridimensional em um ponto material é dada por:

$$[\sigma] = \sigma_{ij} = \begin{bmatrix} \sigma_{11} & \sigma_{12} & \sigma_{13} \\ \sigma_{12} & \sigma_{22} & \sigma_{23} \\ \sigma_{13} & \sigma_{23} & \sigma_{33} \end{bmatrix}$$

Na Figura 1.2, σ_{11}, σ_{22} e σ_{33} são as componentes de tensão normal e σ_{12}, σ_{13}, σ_{23}, σ_{21} e σ_{31} são as componentes de tensão de cisalhamento. Nesta mesma figura, são apresentados os sentidos positivos das componentes de tensão nas faces positivas do ponto material.

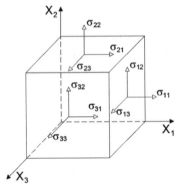

FIGURA 1.2 Componentes de tensão nas faces positivas de um ponto material hexaédrico.

Nas faces negativas (não visíveis na Figura 1.2) atuam componentes de tensão nos sentidos contrários que equilibram o ponto material. Nota-se aqui uma abstração que é a aproximação do ponto material por uma geometria hexaédrica (útil do ponto de vista matemático). As faces positivas possuem direções normais coincidentes com os sentidos positivos do sistema de eixos coordenados. Portanto, todas as componentes de tensão apresentadas na Figura 1.1 são positivas.

É importante observar que há simetria em relação às componentes de tensão de cisalhamento. Essa característica pode ser comprovada por meio dos equilíbrios de momentos fletores em relação aos eixos cartesianos.

1.1.1 Análise de estados planos de tensão e deformação

A análise de estados de tensão consiste na obtenção de equações algébricas de transformação de tensões que possam ser utilizadas diretamente para análise de estados planos de tensão. A Figura 1.3 apresenta um estado de tensões inicial, descrito em termos do sistema de coordenadas XY, que será transformado em um estado de tensões rotacionado X_1Y_1. Na realidade, o estado inicial e o estado transformado são sobrepostos e na figura são apresentados separadamente apenas para facilitar a visualização.

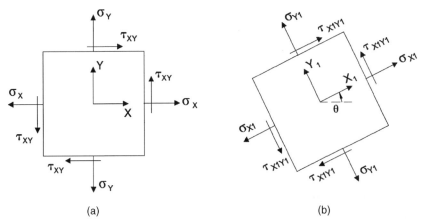

FIGURA 1.3 Componentes de um estado plano de tensões transformado por rotação: (a) estado inicial de tensões; (b) estado transformado de tensões.

A Figura 1.4 apresenta o equilíbrio de forças obtido a partir das componentes de tensão dos dois estados considerados. Nesta figura, a representação é feita de modo sobreposto.

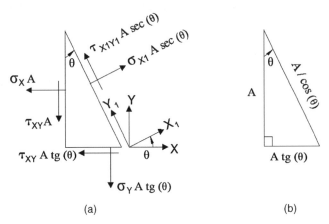

FIGURA 1.4 Equilíbrio de forças obtido a partir da transformação das componentes de tensão por rotação: (a) componentes de força; (b) relação de áreas.

O equilíbrio de forças nas direções inclinadas X_1 e Y_1 pode ser obtido a partir da transformação de coordenadas por rotação. Considera-se, inicialmente, um sistema de eixos XY, que será rotacionado para o sistema X_1Y_1, conforme a Figura 1.5.

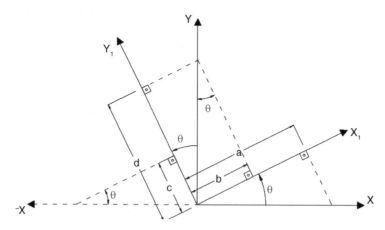

FIGURA 1.5 Transformação de sistemas coordenadas por rotação.

As relações trigonométricas entre posições relativas nos dois sistemas de coordenadas podem ser expressas por:

$$\begin{cases} \cos\theta = \dfrac{a}{x} \\ \operatorname{sen}\theta = \dfrac{b}{y} \end{cases} \qquad \begin{cases} \operatorname{sen}\theta = \dfrac{c}{-x} \\ \cos\theta = \dfrac{d}{y} \end{cases}$$

Após sofrer uma rotação, segundo um ângulo θ aplicado no sentido anti-horário, obtêm-se as seguintes relações de transformação de coordenadas:

$$\begin{cases} x_1 = a + b = \cos\theta \cdot x + \operatorname{sen}\theta \cdot y \\ y_1 = c + d = -\operatorname{sen}\theta \cdot x + \cos\theta \cdot y \end{cases} \tag{1.3}$$

As transformações de coordenadas podem ser expressas matricialmente por:

$$\begin{Bmatrix} x_1 \\ y_1 \end{Bmatrix} = \begin{bmatrix} \cos\theta & \operatorname{sen}\theta \\ -\operatorname{sen}\theta & \cos\theta \end{bmatrix} \cdot \begin{Bmatrix} x \\ y \end{Bmatrix}$$

em que $\begin{bmatrix} \cos\theta & \operatorname{sen}\theta \\ -\operatorname{sen}\theta & \cos\theta \end{bmatrix}$ corresponde à matriz de transformação de coordenadas por rotação $[\beta]$.

Uma propriedade importante da matriz $[\beta]$ é sua ortogonalidade: $\boxed{[\beta]^T = [\beta]^{-1}}$

Caso seja considerada a sobreposição do estado inicial com a seção inclinada, apresentada na Figura 1.4, as equações de equilíbrio estático podem ser obtidas por transformação dos sistemas de coordenadas.

$$\begin{Bmatrix} \sigma_{X1} A \sec(\theta) \\ \tau_{X1Y1} A \sec(\theta) \end{Bmatrix} = \begin{bmatrix} \cos(\theta) & \sin(\theta) \\ -\sin(\theta) & \cos(\theta) \end{bmatrix} \begin{Bmatrix} \sigma_X A + \tau_{XY} A \tg(\theta) \\ \sigma_Y A \tg(\theta) + \tau_{XY} A \end{Bmatrix} \quad (1.4)$$

O sistema de equações representado pela Equação (1.4), ao ser multiplicado por $\cos(\theta)/A$, fornece as seguintes equações de transformação de tensão:

$$\begin{cases} \sigma_{X1} = \dfrac{\sigma_X + \sigma_Y}{2} + \dfrac{(\sigma_X - \sigma_Y)}{2} \cos(2\theta) + \tau_{XY} \sin(2\theta) \\ \tau_{X1Y1} = \dfrac{(\sigma_Y - \sigma_X)}{2} \sin(2\theta) + \tau_{XY} \cos(2\theta) \end{cases} \quad (1.5)$$

No desenvolvimento da Equação (1.5), foram utilizadas as mesmas relações trigonométricas de arco duplo. Ou seja:

$$\begin{cases} \cos^2 \theta = \dfrac{1}{2} + \dfrac{\cos(2\theta)}{2} \\ \sin^2 \theta = \dfrac{1}{2} - \dfrac{\cos(2\theta)}{2} \end{cases} \quad \{\sin\theta \cos\theta = \dfrac{\sin(2\theta)}{2}\}$$

A equação de transformação de tensão para σ_{Y1} pode ser obtida substituindo-se o ângulo θ por $(\theta + 90°)$ na equação de transformação de σ_{X1}, resultando em:

$$\sigma_{Y1} = \frac{\sigma_X + \sigma_Y}{2} + \frac{(\sigma_Y - \sigma_X)}{2} \cos(2\theta) - \tau_{XY} \sin(2\theta) \quad (1.6)$$

É ainda importante destacar que o ângulo θ é positivo no sentido anti-horário e a soma das componentes de tensão normal, que são relacionadas com duas direções sempre perpendiculares, é um invariante de tensão.

$$\boxed{\sigma_X + \sigma_Y = \sigma_{X1} + \sigma_{Y1}} \quad (1.7)$$

A Figura 1.6 apresenta três casos particulares de estados de tensão plana.

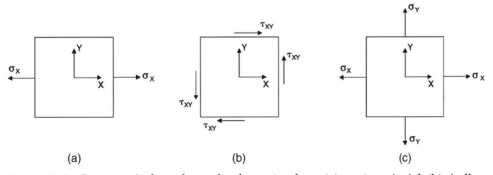

FIGURA 1.6 Casos particulares de estados de tensão plana: (a) tensão uniaxial; (b) cisalhamento puro; (c) tensão biaxial.

Os três casos apresentam as seguintes componentes de tensão transformadas:

a) *Tensão uniaxial*: $\boxed{\sigma_Y = \tau_{XY} = 0}$

$$\begin{cases} \sigma_{X1} = \dfrac{\sigma_X}{2}[1 + \cos(2\theta)] \\ \tau_{X1Y1} = \dfrac{-\sigma_X}{2}\operatorname{sen}(2\theta) \\ \sigma_{Y1} = \dfrac{\sigma_X}{2}[1 - \cos(2\theta)] \end{cases}$$

b) *Cisalhamento puro*: $\boxed{\sigma_X = \sigma_Y = 0}$

$$\begin{cases} \sigma_{X1} = \tau_{XY}\operatorname{sen}(2\theta) \\ \tau_{X1Y1} = \tau_{XY}\cos(2\theta) \\ \sigma_{Y1} = -\tau_{XY}\operatorname{sen}(2\theta) \end{cases}$$

c) *Tensão biaxial*: $\boxed{\tau_{XY} = 0}$

$$\begin{cases} \sigma_{X1} = \dfrac{\sigma_X + \sigma_Y}{2} + \dfrac{(\sigma_X - \sigma_Y)}{2}\cos(2\theta) \\ \tau_{X1Y1} = \dfrac{(\sigma_Y - \sigma_X)}{2}\operatorname{sen}(2\theta) \\ \sigma_{Y1} = \dfrac{\sigma_X + \sigma_Y}{2} + \dfrac{(\sigma_Y - \sigma_X)}{2}\cos(2\theta) \end{cases}$$

As tensões principais ($\overline{\sigma}_1$ e $\overline{\sigma}_2$) são os valores máximos e mínimos que as tensões normais assumem em um determinado estado de tensões. Para o cálculo das direções principais nas quais as tensões principais ocorrem, pode-se calcular os extremos de qualquer uma das equações de transformação de tensão normal em relação ao ângulo θ, ou seja, a Eq. (1.5) ou a Eq. (1.6).

$$\boxed{\dfrac{\partial \sigma_{X1}}{\partial \theta}} = -(\sigma_X - \sigma_Y)\operatorname{sen}(2\theta) + 2\tau_{XY}\cos(2\theta) = 0 = \boxed{\dfrac{\partial \sigma_{Y1}}{\partial \theta}} \qquad (1.8)$$

O ângulo de rotação (θ_p) relacionado com as direções principais, em relação ao sistema XY, pode ser calculado pela equação:

$$\boxed{\operatorname{tg}(2\theta_p) = \dfrac{2\tau_{XY}}{\sigma_X - \sigma_Y}} \qquad (1.9)$$

O valor máximo ($\overline{\sigma}_1$) ou mínimo ($\overline{\sigma}_2$) da função tensão normal em um plano inclinado, definido por θ_p, fornece a mesma equação da tensão de cisalhamento transformada igual a zero ($\tau_{X1Y1} = 0$). Portanto, a tensão normal é máxima ou mínima quando a tensão de cisalhamento for nula.

O ângulo θ_p no plano possui dois valores defasados em 90°. Ou seja, as tensões principais ocorrem em planos ortogonais.

A propriedade de invariância das tensões normais se mantém:

$$\boxed{\sigma_{X1} + \sigma_{Y1} = \sigma_X + \sigma_Y = \overline{\sigma}_1 + \overline{\sigma}_2} \qquad (1.10)$$

A tensão de cisalhamento máxima para o caso plano pode ser obtida tomando-se o extremo da equação de transformação de tensões de cisalhamento (τ_{X1Y1}), ou seja:

$$\boxed{\frac{\partial \tau_{X1Y1}}{\partial \theta} = (\sigma_Y - \sigma_X)\cos(2\theta) - 2\tau_{XY}\operatorname{sen}(2\theta) = 0} \qquad (1.11)$$

O ângulo de rotação (θ_S) relacionado com as direções da tensão de cisalhamento máximo, em relação ao sistema XY, pode ser calculado pela equação:

$$\boxed{\operatorname{tg}(2\theta_S) = \frac{\sigma_Y - \sigma_X}{2\tau_{XY}}} \qquad (1.12)$$

Os planos de tensão de cisalhamento máxima ocorrem a 45° em relação aos planos principais ($\theta_S = \theta_P \pm 45°$).

A soma dos quadrados das equações representadas na Equação (1.5) fornece:

$$\boxed{\left[\sigma_{X1} - \left(\frac{\sigma_X + \sigma_Y}{2}\right)\right]^2 + \tau_{X1Y1}^2 = \left(\frac{\sigma_X - \sigma_Y}{2}\right)^2 + \tau_{XY}^2} \qquad (1.13)$$

A Equação (1.13) também pode ser expressa de maneira análoga à equação de uma circunferência. A essa analogia, dá-se o nome de círculo de Mohr aplicado à análise de tensões. As constantes do círculo são análogas às utilizadas na aplicação para o cálculo das direções principais de inércia.

$$\begin{cases} \sigma_{med} = \dfrac{\sigma_X + \sigma_Y}{2} \\ R = \sqrt{\left(\dfrac{\sigma_X + \sigma_Y}{2}\right)^2 + \tau_{XY}^2} \end{cases}$$

Obtém-se, assim, uma equação de circunferência com centro no eixo das abscissas (tensões normais).

$$\boxed{(\sigma_{X1} - \sigma_{med})^2 + \tau_{X1Y1}^2 = R^2} \qquad (1.14)$$

Com a orientação do eixo das ordenadas (tensões de cisalhamento) para baixo, os giros (θ) no elemento de tensão e na circunferência terão o mesmo sentido. No círculo de Mohr, os ângulos valem o dobro dos ângulos reais no elemento de tensão. A Figura 1.7 ilustra a aplicação do círculo de Mohr para transformação de um estado plano de tensões.

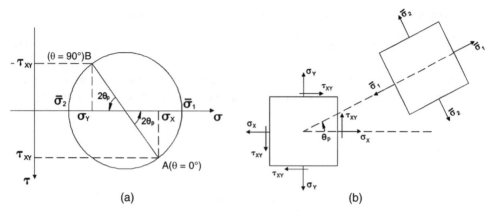

FIGURA 1.7 Representação gráfica do círculo de Mohr aplicado na análise de estados planos de tensão: (a) transformação na circunferência; (b) transformação no elemento.

É importante destacar que a circunferência usada na representação para tensões pode apresentar valores negativos para as abscissas. Outro aspecto importante é que o ponto $\boxed{A}$ ($\theta = 0°$ = direção inicial x) do estado inicial de tensões pode estar em qualquer posição do círculo de Mohr.

O traçado do círculo de Mohr, expresso pela Equação (1.14), para análise da transformação de estados planos de tensão pode ser resumido no seguinte roteiro:

a) Criar um sistema cartesiano (ver Figura 1.8), tendo as componentes de tensão normais associadas ao eixo das abscissas e a componente de tensão de cisalhamento associada ao eixo das ordenadas (com orientação de τ_{XY} para baixo).

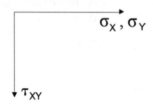

FIGURA 1.8 Sistema cartesiano adotado para o traçado do círculo de Mohr na análise de tensões.

b) Localizar o centro da circunferência, com base nas componentes do tensor das tensões.

$$\sigma_{centro} = \boxed{\sigma_{med} = \frac{\sigma_X + \sigma_Y}{2}} \quad ; \quad \boxed{\tau_{XY_{centro}} = 0}$$

c) Definir um ponto $\boxed{A}$, de acordo com o estado inicial de tensões, com as seguintes coordenadas.

$$\begin{cases} \sigma_{\boxed{A}} = \sigma_X \\ \tau_{XY_{\boxed{A}}} = \tau_{XY} \end{cases}$$

d) Definir um ponto $\boxed{B}$, de acordo com o estado inicial de tensões, com as seguintes coordenadas.

$$\begin{cases} \sigma_{\boxed{B}} = \sigma_{Ys} \\ \tau_{XY\boxed{B}} = -\tau_{XY} \end{cases}$$

e) Traçar um segmento de reta ligando os pontos $\boxed{A}$ e $\boxed{B}$ (ver Figura 1.7a) que representará o diâmetro da circunferência.

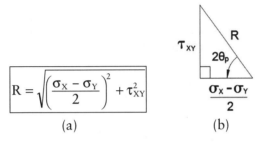

$$\boxed{R = \sqrt{\left(\frac{\sigma_X - \sigma_Y}{2}\right)^2 + \tau_{XY}^2}}$$

(a)   (b)

FIGURA 1.9 (a) Raio do círculo; (b) Geometria do círculo resultante da ligação dos pontos $\boxed{A}$ e $\boxed{B}$.

f) Calcular o ângulo dos planos principais a partir da geometria da Figura 1.9b:

$$\boxed{\text{tg}(2\theta p) = \left|\frac{2\tau_{XY}}{\sigma_X - \sigma_Y}\right|}$$

g) Para calcular as componentes de tensão em um elemento inclinado, segundo um determinado ângulo φ, deve-se utilizar a geometria da circunferência de acordo com a Figura 1.10.

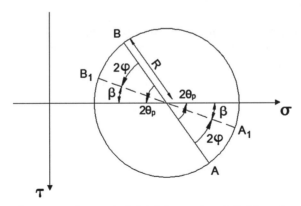

FIGURA 1.10 Transformação do estado inicial de tensões definido pelo segmento $\overline{AB}$ para um estado de tensões em um plano $\overline{A_1B_1}$ rotacionado de φ.

Com base em um ângulo auxiliar β, definido na Figura 1.10, é possível calcular as componentes de tensão em um estado transformado em relação ao estado inicial de tensões.

$$\boxed{\beta = |2\theta_p - 2\varphi|}$$

$$\boxed{\sigma_{X1} = \sigma_{med} \pm R\cos(\beta)}$$

$$\boxed{\sigma_{Y1} = \sigma_{med} \mp R\cos(\beta)}$$

$$\boxed{\tau_{X1Y1} = \mp R\text{sen}(\beta)}$$

O sinal do termo Rcos(β) depende das posições dos pontos $\boxed{A}$ e $\boxed{B}$ na circunferência e do sentido de giro da transformação.

h) O cálculo das tensões principais $\overline{\sigma}_1$ e $\overline{\sigma}_2$ é feito para $\beta = 0$ (ou seja: $\theta_p = \varphi$). Nessa situação, observa-se que a tensão de cisalhamento é nula ($\tau_{X1Y1} = 0$).

$$\text{Tensões principais: } \begin{cases} \overline{\sigma}_1 = \sigma_{med} + R \\ \overline{\sigma}_2 = \sigma_{med} - R \end{cases}$$

i) A tensão de cisalhamento máxima é igual, em módulo, ao raio do círculo de Mohr (ver Figura 1.9a), ou seja:

$$\boxed{\tau_{MÁX} = R}$$

EXERCÍCIO RESOLVIDO 1.1

Para o estado de tensões em um determinado ponto material, apresentado na Figura 1.11, pede-se:

a) Calcular e posicionar o estado de tensões principais.
b) Calcular e posicionar estado associado à máxima tensão de cisalhamento.
c) Determinar o estado de tensões no elemento rotacionado 60° no sentido anti-horário em relação ao estado de tensões inicial.

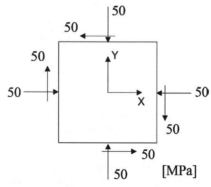

FIGURA 1.11 **Estado de tensões inicial.**

Resolução

No caso do estado de tensões apresentado na Figura 1.11, o estado de tensões pode ser representado em sua forma bidimensional:

$$\sigma_{ij} = \begin{bmatrix} -50 & -50 \\ -50 & -50 \end{bmatrix} \text{MPa}$$

A Figura 1.12 apresenta a construção do círculo de Mohr utilizada no cálculo das tensões principais para uma rotação no sentido anti-horário. Vale lembrar que as equações de transformação de tensões poderiam ser utilizadas para o cálculo. A convenção de sinais positiva é a mesma apresentada no capítulo anterior.

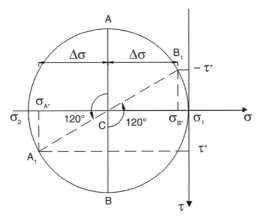

FIGURA 1.12 Aplicação do círculo de Mohr para o cálculo das tensões principais e estado inclinado.

$$\sigma_{med} = \frac{\sigma_X + \sigma_Y}{2} = \frac{-50 - 50}{2} = -50 \, \text{MPa}$$

$$R = \sqrt{\left(\frac{\sigma_X - \sigma_Y}{2}\right)^2 + \tau_{XY}^2} = \sqrt{(-0)^2 + (-50)^2} = 50 \, \text{MPa}$$

$$\text{tg}(2\theta p) = \left|\frac{2\tau_{XY}}{\sigma_X - \sigma_Y}\right| = \left|\frac{100}{0}\right| \Rightarrow 2\theta p = 90°$$

$$\boxed{\theta p = 45°} \circlearrowleft$$

Tensões principais: $\begin{cases} \overline{\sigma}_1 = \sigma_{med} + R = -50 + 50 = \boxed{0 \, \text{MPa}} \\ \overline{\sigma}_2 = \sigma_{med} - R = -50 - 50 = \boxed{-100 \, \text{MPa}} \end{cases}$

Máxima tensão de cisalhamento: $\tau_{MÁX} = R = 50 \, \text{MPa}$

À máxima tensão de cisalhamento está associada uma tensão normal igual a σ_{med}. No caso: $\sigma_{\tau_{MÁX}} = \sigma_{med} = \boxed{-50 \, \text{MPa}}$

O ângulo relacionado com a direção da máxima tensão de cisalhamento é igual a:

$2\theta_S = 90° - 90° \Rightarrow \boxed{\theta_S = 0°}$ (ou seja, é o próprio estado inicial de tensões).

Posicionamento das direções no elemento: o posicionamento das direções principais e de máxima tensão de cisalhamento são apresentadas na Figura 1.13.

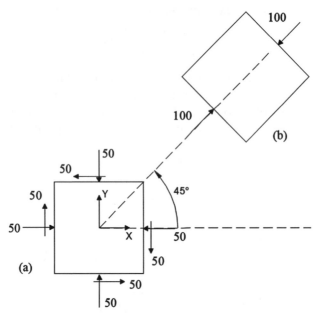

FIGURA 1.13 Componentes de tensão: (a) estado inicial de tensões e estado de tensões de cisalhamento máximas; (b) elemento posicionado em relação às tensões principais obtido pela rotação no sentido anti-horário.

A rotação no sentido horário utilizada para obtenção das tensões principais não foi considerada na transformação do círculo de Mohr, apresentada na Figura 1.12. Mas é uma possibilidade igualmente possível para a transformação deste estado inicial de tensões singular, que geraria exatamente o mesmo estado de tensões principais.

De acordo com a Figura 1.12, o ângulo auxiliar (β) relacionado com o estado de tensões inclinado é calculado por:

$$\beta = |2\theta_p - 2\varphi| = |90° - 120°| = 30°$$

Assim, $\Delta\sigma = R\cos(\beta)$.

Como a componente de tensão associada à transformação da direção X está associada ao ponto A, tem-se a componente de tensão σ_{X1} associada ao ponto A_1. Consequentemente, para o exemplo em análise, o valor da componente σ_{X1} é menor que o valor de σ_{med}.

$$\sigma_{X1} = \sigma_{A^*} = \sigma_{med} - R\cos(\beta) = -50 - 50\cos(30°) = -93,3 \text{ MPa}$$

O sinal da componente de tensão de cisalhamento relacionado com a transformação do ponto A segue a mesma orientação da componente de tensão normal σ_{X1}.

$$\tau_{X1Y1} = \tau^* = R\,\text{sen}(\beta) = 50\,\text{sen}(30°) = 25,0 \text{ MPa}$$

O sinal do termo relacionado com o ângulo β deve ser invertido para o cálculo da segunda componente de tensão normal.

$$\sigma_{Y1} = \sigma_{B^*} = \sigma_{med} + R\cos(\beta) = -50 + 50\cos(30°) = -6{,}7 \text{ MPa}$$

O posicionamento das componentes de tensão no plano rotacionado 60° no sentido anti-horário é apresentado na Figura 1.14.

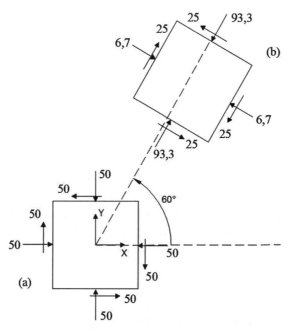

FIGURA 1.14 Componentes de tensão: (a) estado inicial de tensões; (b) elemento rotacionado 60° em relação ao estado inicial de tensões.

1.2 CONCEITO DE DEFORMAÇÃO

Deformação é uma grandeza de natureza adimensional que indica a mudança de forma nos corpos sólidos. É uma função derivada do campo de deslocamentos. Pode ser decomposta em duas parcelas: a deformação normal e a deformação por cisalhamento.

1.2.1 Deformação normal

Representa o alongamento ou contração de uma fibra[1] do sólido por unidade de comprimento. As componentes de deformação normal causam variação volumétrica no sólido. Na Figura 1.15 é apresentada a variação de comprimento de uma fibra ΔS causada pela mudança de configuração de um domínio inicial Ω_0 para um domínio deformado Ω.

---
[1] Segmento de reta.

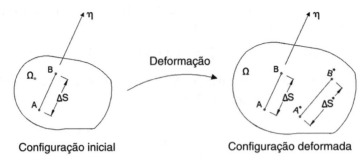

FIGURA 1.15 Deformação normal em uma fibra A-B causada por uma mudança de configuração inicial para deformada.

A deformação normal da fibra A-B na direção η é definida como o seguinte limite:

$$\boxed{\varepsilon_{A-B} = \varepsilon_\eta = \lim_{B \to A} \frac{\Delta s^* - \Delta s}{\Delta s} = \frac{ds^*}{ds} - 1} \qquad (1.15)$$

Apesar de ser uma grandeza adimensional, é comum encontrar a componente deformação normal expressa em porcentagem [%] ou em metro por metro [m/m]. Outra forma comum de apresentar o valor da unidade, especialmente útil para apresentação de resultados de ensaios de laboratório, é o chamado micro-*strain* [μm/m]. Esta última forma de apresentação é interessante porque os valores das deformações normais são muito pequenos (geralmente menores que milésimos) e este tipo de formato possibilita apresentar valores da ordem de centenas ou milhares facilitando a comunicação.

1.2.2 Deformação por cisalhamento

A componente de deformação por cisalhamento representa a variação angular entre duas fibras inicialmente perpendiculares, concorrentes em um ponto material. A deformação por cisalhamento não causa variação volumétrica e também é conhecida como deformação por distorção. Na Figura 1.16 é apresentada a variação angular entre duas fibras inicialmente perpendiculares, causada pela mudança de configuração de um domínio inicial Ω_0 para um domínio deformado Ω. Observa-se que para o cálculo dessa medida são necessárias agora duas direções perpendiculares de referência η e ξ.

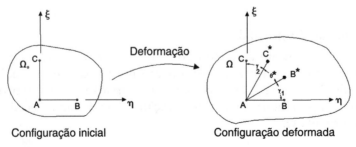

FIGURA 1.16 Deformação por cisalhamento em um par de fibras A-B e A-C causada por uma mudança de configuração inicial para deformada.

A deformação por cisalhamento entre as fibras A-B e A-C é definida como o seguinte limite:

$$\gamma_{\eta\xi} = \frac{\pi}{2} - \lim_{\substack{B \to A \\ C \to A}} \theta^* = \gamma_1 + \gamma_2 \tag{1.16}$$

É comum encontrar a componente deformação por cisalhamento expressa em radianos [rad], sendo mais raro sua medida dada em graus [°]. Também é possível expressar esta medida expressa em microrradianos [μrad].

A componente do tensor das deformações ($\varepsilon_{\eta\xi}$) é a metade da medida de deformação por cisalhamento ($\gamma_{\eta\xi}$). Ou seja, a média entre distorção γ_1 e γ_2:

$$\varepsilon_{\eta\xi} = \frac{\gamma_{\eta\xi}}{2} \tag{1.17}$$

No caso particular bidimensional, apresentado na Figura 1.17, se os deslocamentos du e dv forem pequenos tem-se:

$$\gamma_{xy} = \gamma_1 + \gamma_2 \cong \frac{dv}{dx} + \frac{du}{dy} = \gamma_{yx}$$

Observa-se que as componentes de deformação por cisalhamento são simétricas ($\gamma_{xy} = \gamma_{yx}$).

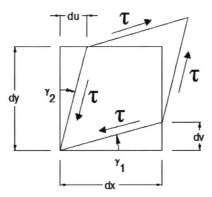

FIGURA 1.17 **Elemento bidimensional deformado por cisalhamento com ângulos de distorção positivos.**

É importante ressaltar que os ângulos de distorção γ_1 e γ_2 são positivos quando causarem tensões de cisalhamento positivas, conforme apresentado na Figura 1.17. Ou seja, γ_1 é positivo no sentido anti-horário e γ_2 é positivo no sentido horário. A Figura 1.18 apresenta um elemento bidimensional deformado por cisalhamento com ângulos de distorção negativos.

16 Resistência dos materiais

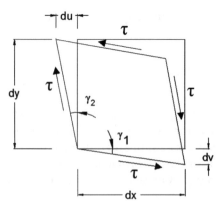

FIGURA 1.18 Elemento bidimensional deformado por cisalhamento com ângulos de distorção negativos.

Análises semelhantes às apresentadas para o cálculo do estado de tensões máximas e mínimas (tensões principais) podem ser feitas para o cálculo do estado de deformações máximas e mínimas de um elemento de tensão representado por um ponto material.

EXERCÍCIO RESOLVIDO 1.2

Uma chapa estrutural metálica é deformada de acordo com o diagrama apresentado na Figura 1.19. Pede-se calcular a deformação por cisalhamento no vértice "a" e os alongamentos das fibras "c-a" e "d-b".

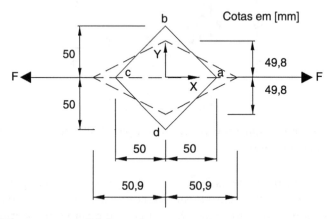

FIGURA 1.19 Chapa estrutural deformada.

Resolução

É interessante montar um gráfico detalhado, considerando-se, por exemplo, a deformação da face a-b, para o cálculo da deformação por cisalhamento, conforme Figura 1.19A.

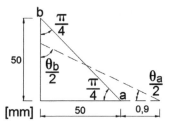

FIGURA 1.19A Deformação da face a-b da chapa.

Calcula-se a deformação por cisalhamento de acordo com a Equação (1.16).

$$\frac{\gamma_{XY_a}}{2} = \frac{\pi}{4} - \frac{\theta_a}{2} = \frac{\pi}{4} - \text{arctg}\left(\frac{49,8}{50,9}\right)$$

$$\gamma_{XY_a} = \boxed{0,021846 \text{ rad}}$$

Na sequência, calculam-se as deformações normais nas direções das fibras indicadas, conforme Equação (1.15).

$$\varepsilon_{ca} = \frac{(2 \cdot 50,9) - 100}{100} = \boxed{0,018 \text{ m/m}}$$

$$\varepsilon_{db} = \frac{(2 \cdot 49,8) - 100}{100} = \boxed{-0,004 \text{ m/m}}$$

1.2.3 Transformação de componentes de deformações

A matriz das deformações (ε_{ij}) pode ser transformada utilizando-se a matriz de transformação de coordenadas por rotação [β], conforme as equações:

$$[\varepsilon] = [\beta]^T [\varepsilon^*][\beta] \tag{1.18}$$

$$[\varepsilon^*] = [\beta][\varepsilon][\beta]^T \tag{1.19}$$

em que: $\varepsilon_{ij} = \begin{bmatrix} \varepsilon_{11} & \frac{\gamma_{12}}{2} & \frac{\gamma_{13}}{2} \\ \frac{\gamma_{12}}{2} & \varepsilon_{22} & \frac{\gamma_{23}}{2} \\ \frac{\gamma_{13}}{2} & \frac{\gamma_{23}}{2} & \varepsilon_{33} \end{bmatrix}$.

No caso das Equações (1.18) e (1.19), [ε] representa a matriz das deformações no sistema de referência, [ε*] representa a matriz das deformações no sistema transformado.

Para o caso plano, pode-se utilizar equações análogas para transformação das componentes do tensor das deformações e o círculo de Mohr para o cálculo das deformações normais principais ($\overline{\varepsilon}_1$ e $\overline{\varepsilon}_2$).

Dada uma matriz das deformações para um estado plano: $[\varepsilon] = \begin{bmatrix} \varepsilon_X & \frac{\gamma_{XY}}{2} \\ \frac{\gamma_{XY}}{2} & \varepsilon_Y \end{bmatrix}$, o cálculo das tensões principais é também um problema de autovalores. Portanto, as deformações normais principais podem ser calculadas a partir dos autovalores do tensor das deformações:

$$\begin{vmatrix} (\varepsilon_X - \bar{\varepsilon}) & \dfrac{\gamma_{XY}}{2} \\ \dfrac{\gamma_{XY}}{2} & (\varepsilon_X - \bar{\varepsilon}) \end{vmatrix} = 0 \Rightarrow \bar{\varepsilon}_1, \bar{\varepsilon}_2 \qquad (1.20)$$

O cálculo apresentado na Equação (1.20) é análogo ao caso das transformações de tensões, com a aplicação do círculo de Mohr. Bastando substituir as componentes σ_X por ε_X, σ_Y por ε_Y e τ_{XY} por $\dfrac{\gamma_{XY}}{2}$ nas equações do círculo de Mohr, resultando em:

$$\bar{\varepsilon}_1 = \frac{\varepsilon_X + \varepsilon_Y}{2} + \sqrt{\left(\frac{\varepsilon_X - \varepsilon_Y}{2}\right)^2 + \left(\frac{\gamma_{XY}}{2}\right)^2} \qquad (1.21)$$

$$\bar{\varepsilon}_2 = \frac{\varepsilon_X + \varepsilon_Y}{2} - \sqrt{\left(\frac{\varepsilon_X - \varepsilon_Y}{2}\right)^2 + \left(\frac{\gamma_{XY}}{2}\right)^2} \qquad (1.22)$$

Também é válida a equação do ângulo que define os planos principais (θ_p), nas mesmas condições.

$$\boxed{\operatorname{tg}(2\theta_p) = \left| \frac{2\left(\dfrac{\gamma_{XY}}{2}\right)}{\varepsilon_X - \varepsilon_Y} \right| = \left| \frac{\gamma_{XY}}{\varepsilon_X - \varepsilon_Y} \right|} \qquad (1.23)$$

As deformações máximas por distorção são dadas por:

$$\boxed{\frac{\gamma_{XY_{MÁX}}}{2} = \sqrt{\left(\frac{\varepsilon_X - \varepsilon_Y}{2}\right)^2 + \left(\frac{\gamma_{XY}}{2}\right)^2}} \qquad (1.24)$$

As equações de transformação de deformação são dadas por:

$$\begin{cases} \varepsilon_{X1} = \dfrac{\varepsilon_X + \varepsilon_Y}{2} + \dfrac{(\varepsilon_X - \varepsilon_Y)}{2} \cos(2\theta) + \dfrac{\gamma_{XY}}{2} \operatorname{sen}(2\theta) \\ \varepsilon_{Y1} = \dfrac{\varepsilon_X + \varepsilon_Y}{2} + \dfrac{(\varepsilon_Y - \varepsilon_X)}{2} \cos(2\theta) - \dfrac{\gamma_{XY}}{2} \operatorname{sen}(2\theta) \\ \dfrac{\gamma_{X1Y1}}{2} = \dfrac{(\varepsilon_Y - \varepsilon_X)}{2} \operatorname{sen}(2\theta) + \dfrac{\gamma_{XY}}{2} \cos(2\theta) \end{cases} \qquad (1.25)$$

O ângulo de transformação (θ) é positivo no sentido anti-horário.

Também é válida a aplicação do círculo de Mohr para transformações de deformações, utilizando-se um sistema de eixos cartesianos $\varepsilon \times \dfrac{\gamma}{2}$ ao invés de $\sigma \times \tau$. Vale destacar que para a aplicação do círculo de Mohr para transformação de deformações, a orientação positiva para o eixo das ordenadas também é para baixo. Assim, o sentido de rotação do ângulo θ será o mesmo no elemento e no círculo.

EXERCÍCIO RESOLVIDO 1.3

Para um determinado ponto material, as componentes de deformação medidas no plano forneceram o seguinte tensor das deformações:

$$\varepsilon_{ij} = \begin{bmatrix} 500 & -300 \\ -300 & 200 \end{bmatrix} \mu$$

Pede-se calcular, utilizando-se o círculo de Mohr, as componentes principais de deformação e os valores da deformação de cisalhamento máxima.

A Figura 1.20 apresenta a construção do círculo de Mohr utilizada na transformação de deformações para o estado indicado no problema.

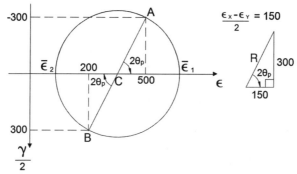

FIGURA 1.20 Aplicação do círculo de Mohr para o cálculo das componentes de deformações principais.

$$\varepsilon_{med} = \frac{\varepsilon_X + \varepsilon_Y}{2} = \frac{500 + 200}{2} = 350 \, \mu m/m$$

$$R = \sqrt{\left(\frac{\varepsilon_X - \varepsilon_Y}{2}\right)^2 + \left(\frac{\gamma_{XY}}{2}\right)^2} = \sqrt{(150)^2 + (-300)^2} = 335{,}4 \, \mu m/m$$

$$\mathrm{tg}(2\theta p) = \left|\frac{\gamma_{XY}}{\varepsilon_X - \varepsilon_Y}\right| = \left|\frac{-300}{150}\right| \Rightarrow 2\theta p = 63{,}43°$$

$$\boxed{\theta p = 31{,}72°} \, \circlearrowleft$$

Deformações normais principais: $\begin{cases} \bar{\varepsilon}_1 = \varepsilon_{med} + R = 350 + 335{,}4 = \boxed{685{,}4 \, \mu m/m} \\ \bar{\varepsilon}_2 = \varepsilon_{med} - R = 350 - 335{,}4 = \boxed{14{,}6 \, \mu m/m} \end{cases}$

Máxima deformação de cisalhamento:

$$\frac{\gamma_{XY_{MÁX}}}{2} = R = 335{,}4 \, \mu rad \Rightarrow \gamma_{XY_{MÁX}} = 670{,}8 \, \mu rad$$

À máxima deformação de cisalhamento está associada uma deformação normal igual a ε_{med}. No caso: $\varepsilon_{\gamma_{MÁX}} = \varepsilon_{med} = \boxed{350 \, \mu m/m}$.

O ângulo relacionado com a direção da máxima deformação de cisalhamento é igual a: $2\theta_S = 63{,}43° - 90° \Rightarrow 2\theta_S = -26{,}57° \Rightarrow \boxed{\theta_S = 13{,}29°} \, \circlearrowleft$

1.3 PROPRIEDADES MECÂNICAS DOS MATERIAIS

A determinação das propriedades mecânicas dos materiais é fundamental para o dimensionamento estrutural e verificações de estados limites. Essa determinação é feita através de ensaios de laboratório. Os ensaios mais simples consistem na aplicação de forças em pequenos corpos de prova normatizados[2], nos quais são medidas as deformações e/ou forças de ruptura.

No caso da medição das deformações, utilizam-se os medidores de deformação que permitem estimar os alongamentos ou encurtamentos em determinadas direções críticas.

1.3.1 Diagramas tensão-deformação

São diagramas úteis na análise do comportamento mecânico dos materiais, pois independem da forma do corpo sólido ensaiado nem das forças externas aplicadas. Portanto, caracterizam mecanicamente os diversos tipos de materiais utilizados em engenharia.

Os diagramas tensão-deformação usuais são traçados com base em pares energéticos conjugados de tensão-deformação nominais, ou seja, calculados com base na configuração inicial indeformada dos corpos de prova.

Os materiais podem ser classificados de acordo com as deformações observadas até a ruptura. Os materiais chamados dúcteis são aqueles que apresentam grandes deformações permanentes antes da ruptura (por exemplo: aço, alumínio, madeira, latão zinco, entre outros). Já os materiais chamados frágeis falham para valores relativamente baixos de deformação (por exemplo: concreto, rocha, ferro fundido, vidro, cerâmica). O vidro é um material frágil quase ideal, pois praticamente não se deforma antes de sua ruptura, e apresenta uma estrutura amorfa, diferente da estrutura cristalina presente nas ligas metálicas.

A Figura 1.21 apresenta uma representação esquemática sem escala para o diagrama tensão-deformação de um aço estrutural usual ensaiado à tração. Observa-se experimentalmente que o comportamento do aço estrutural é praticamente o mesmo à tração e à compressão, inclusive com valores muito próximos para as tensões.

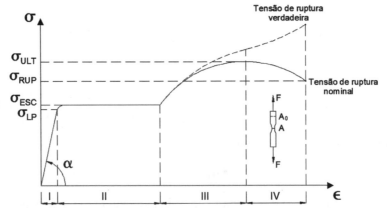

FIGURA 1.21 Diagrama tensão-deformação típico de um aço estrutural submetido à tração (sem escala).

---

[2] Com base em normas estabelecidas por associações técnicas, que determinam os métodos de aplicação de força e dimensões dos corpos de prova a serem ensaiados.

Na Figura 1.21 há quatro fases notáveis. A primeira fase (I) é caracterizada por comportamento elástico linear até a tensão limite de proporcionalidade (σ_{LP}). Até o limite de proporcionalidade, a tensão e a deformação se relacionam como grandezas proporcionais. A inclinação da reta que passa pela origem do diagrama define o módulo de elasticidade longitudinal (para o caso do diagrama $\sigma \times \varepsilon$) ou módulo de elasticidade transversal (para o caso do diagrama $\tau \times \gamma$). Após esse limite, há uma pequena região elástica com comportamento não linear[3] e que vai até a tensão de escoamento do material (σ_{ESC}). A tensão de escoamento define o ponto a partir do qual o material começa a apresentar deformações permanentes[4]. A segunda fase (II) é caracterizada por comportamento elastoplástico perfeito, na qual há o chamado patamar de escoamento do aço. Nesse patamar, a derivada do diagrama tensão-deformação é praticamente nula ($d\sigma/d\varepsilon = 0$). A partir desse patamar, caso a solicitação seja retirada do material, o retorno é feito seguindo-se uma reta paralela à reta tangente inicial do diagrama. A fase de escoamento apresenta deformações normais de 10 a 20 vezes maior que as deformações observadas na fase linear. Em situações do aço trabalhando em temperaturas elevadas, esse patamar pode apresentar uma pequena inclinação negativa ($d\sigma/d\varepsilon < 0$). A terceira fase (III) é caracterizada pelo encruamento do aço, onde o material começa a resistir a tensões superiores à tensão de escoamento, até o limite definido pela tensão nominal última (σ_{ULT}), porém com derivadas tensão-deformação decrescentes chegando-se até o valor nulo. A tensão última define o ponto a partir do qual o material entra em processo de colapso. A quarta fase (IV) é caracterizada pelo amolecimento do aço. Para o caso da tração ocorre o fenômeno conhecido como estricção da seção transversal, ou seja, redução da área da seção transversal do corpo de prova ensaiado ($A < A_0$). Essa diminuição da seção do corpo de provas aumentaria o valor da tensão de ruptura gerando uma curva[5] mais próxima da realidade para a seção que sofreu estricção. Por outro lado, tomando-se a seção transversal inicial, obtém-se o diagrama tensão-deformação nominal que é mais fácil de ser levantado e é, de fato, o mais utilizado em aplicações para engenharia. Na última fase do comportamento mecânico do aço ocorre o aparecimento de fraturas no material que levam ao colapso definido pela tensão de ruptura (σ_{RUP}). No caso da compressão do aço, ao invés de estriccção, ocorre o fenômeno conhecido como abaulamento. Ou seja, um aumento da seção transversal do corpo de prova ensaiado.

As fases de encruamento e estricção do material podem apresentar deformações normais até 200 vezes maiores que as observadas na fase linear. Para os materiais dúcteis, os planos de ruptura formam ângulos inclinados em relação ao eixo longitudinal do corpo de prova de aproximadamente 45°. Os planos de rearranjo da estrutura cristalina dos materiais dúcteis estão associados a linhas de falha do material.

---

[3] Nesta região, o comportamento mecânico do material é governado por equações não lineares, mas não há acúmulo de deformações permanentes caso a solicitação seja retirada do material. Para efeitos práticos, esta região geralmente não é considerada no dimensionamento estrutural.
[4] Conhecidas como deformações plásticas.
[5] Esta curva está representada por uma linha tracejada na Figura 1.21.

No caso da Figura 1.21, as tensões e deformações apresentadas são normais, mas o diagrama relacionado com as tensões de cisalhamento possui forma semelhante, porém com valores inferiores em aproximadamente 40% dos valores de referência das tensões normais. Ou seja, $\tau_{ESC} \cong 0,6 \cdot \sigma_{ESC}$, $\tau_{RUP} \cong 0,6 \cdot \sigma_{RUP}$ e $\tau_{ULT} \cong 0,6 \cdot \sigma_{ULT}$. Outro aspecto importante de se observar é que, para o aço estrutural, a tensão última é aproximadamente 60% maior que o valor da tensão de escoamento. Ou seja: $\sigma_{RUP} \cong 1,6 \cdot \sigma_{ESC}$ e $\tau_{RUP} \cong 1,6 \cdot \tau_{ESC}$.

O retorno no diagrama tensão-deformação, quando feito após o início da fase de encruamento, provoca um aumento da tensão de escoamento do aço. Esse procedimento, apresentado na Figura 1.22, pode ser utilizado para aumentar a resistência ao escoamento de aços estruturais utilizados em aplicações específicas. Se há aumento na resistência ao escoamento ($\sigma^*_{ESC} > \sigma_{ESC}$), por outro lado, o aço perde seu patamar de escoamento e fica com uma folga menor entre as tensões de escoamento e última. Ou seja, esse tipo de procedimento melhora o desempenho mecânico do material, mas ao custo de diminuir a margem de segurança. Outro aspecto a ser avaliado é que o mecanismo de colapso do material se tornará mais rápido.

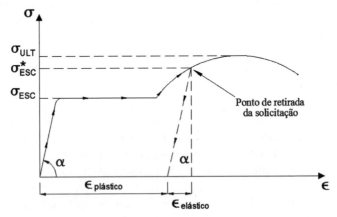

FIGURA 1.22 Diagrama tensão-deformação típico de um aço estrutural submetido à tração.

Há materiais que apresentam diagramas tensão-deformação diferentes para a tração e compressão. Inclusive, no caso de materiais dúcteis, o patamar de escoamento não é encontrado na maioria dos materiais.

1.3.2 Energia de deformação

Energia de deformação (U) é a quantidade escalar de energia armazenada em um corpo sólido elástico deformável que é capaz de realizar trabalho. É geralmente expressa em Joules [J].

A forma mais comum de calcular a energia de deformação é a partir dos diagramas tensão-deformação, com base no conceito de energia de deformação específica (u)[6]. A energia de deformação específica é a energia de deformação por unidade de volume (V).

---

[6] Também conhecida como densidade de energia de deformação.

Observa-se que a integração do diagrama tensão-deformação em relação ao eixo das deformações fornece o valor da energia de deformação específica. Por outro lado, caso a integração seja feita em relação ao eixo das tensões, o valor obtido será a chamada energia de deformação específica complementar (u*). Essa parcela complementar de energia de deformação específica não possui significado físico e não é definida para materiais na fase de amolecimento.

$$\boxed{U = \int_V \int_\varepsilon \sigma d\varepsilon dV} \tag{1.26}$$

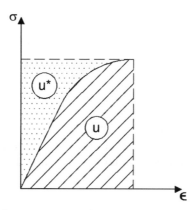

FIGURA 1.23 Energia de deformação específica (u) e energia de deformação específica complementar (u*).

Energia de deformação específica:

$$u = \int_\varepsilon \sigma d\varepsilon \Rightarrow \boxed{U = \int_V u dV} \tag{1.27}$$

Como unidade, tem-se: [J/m³]

Energia de deformação específica complementar:

$$u^* = \int_\sigma f(\varepsilon) d\sigma \Rightarrow \boxed{U^* = \int_V u^* dV} \tag{1.28}$$

Caso seja considerado o regime elástico-linear, obtém-se a definição do módulo de resiliência (u_R), que é a máxima energia de deformação por unidade de volume que o material consegue absorver sem entrar em escoamento. A Figura 1.24 ilustra a definição do módulo de resiliência.

A soma das parcelas de energia de deformação e energia de deformação complementar fornece a energia total armazenada no material, conhecida também como *compliance*.

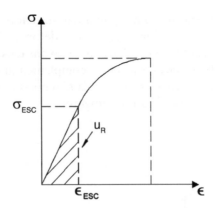

FIGURA 1.24 Módulo de resiliência (u_R) de um material que possui fase elástica-linear.

Uma definição mais geral, aplicável a materiais com ou sem fase elástica-linear, é a de módulo de tenacidade (u_T), que representa a máxima energia de deformação por unidade de volume que o material consegue absorver antes da ruptura. É calculado pela integração do diagrama tensão-deformação, em relação às deformações, até o ponto da ruptura. A Figura 1.25 ilustra a definição do módulo de tenacidade.

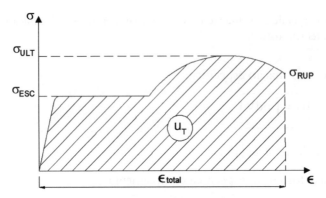

FIGURA 1.25 Módulo de tenacidade (u_T) de um material.

Os conceitos de energia de deformação e energia de deformação complementar também são válidos para tensões de cisalhamento.

$$\boxed{U = \iint_{V\,\gamma} \tau\,d\gamma\,dV}$$ (1.29)

EXERCÍCIO RESOLVIDO 1.4

Uma barra prismática de comprimento igual a 10 m apresenta o diagrama tensão-
-deformação idealizado obtido pelo ensaio de tração.

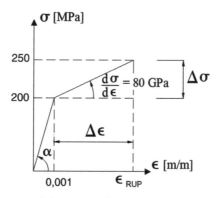

FIGURA 1.26 **Diagrama tensão-deformação do material com comportamento elastoplástico.**

Pede-se calcular:

a) O módulo de elasticidade longitudinal do material.
b) O comprimento final da barra carregada até o limite de 250 Mpa.
c) O comprimento final da barra caso ela seja descarregada imediatamente antes da ruptura.
d) A deformação transversal máxima para um coeficiente de Poisson do material igual a 0,25.

Resolução

O módulo de elasticidade pode ser calculado a partir da inclinação da reta no trecho elástico linear.

$$E = \text{tg}(\alpha) = \frac{200 \cdot 10^6}{0,001} = \boxed{200\,\text{GPa}}$$

O comprimento final da barra pode ser calculado a partir da variação de deformação até a ruptura ($\Delta\varepsilon$) e da aplicação da definição de deformação normal, no caso total (ε_{total}).

$$\text{tg}(\alpha_p) = \frac{\Delta\sigma}{\Delta\varepsilon} = \frac{(250-200)\cdot 10^6}{\Delta\varepsilon} = 80 \cdot 10^9 \Rightarrow \boxed{\Delta\varepsilon = 6,25 \cdot 10^{-4}}$$

$$\varepsilon_{total} = 0,001 + \Delta\varepsilon = 0,001625$$

$$\varepsilon_{total} = \varepsilon_{RUP} \Rightarrow \frac{\Delta L}{L_0} = \frac{\Delta L}{10} = 0,001625 \Rightarrow \boxed{\Delta L = 0,01625\,\text{m}}$$

$$L = L_0 + \Delta L = \boxed{10,01625\,\text{m}}$$

O comprimento final da barra após o descarregamento é obtido a partir da diferença entre a deformação total e a deformação elástica obtida após o descarregamento. A Figura 1.26A representa a parcela da deformação elástica que deve ser considerada após o descarregamento.

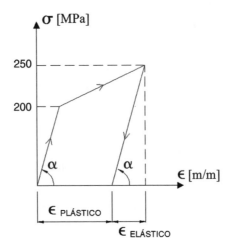

FIGURA 1.26A **Diagrama tensão-deformação do material descarregado.**

$$\text{tg}(\alpha) = \frac{250 \cdot 10^6}{\varepsilon_{\text{elástico}}} = 200 \cdot 10^9 \Rightarrow \boxed{\varepsilon_{\text{elástico}} = 0,00125}$$

$$\varepsilon_{\text{total}} = \varepsilon_{\text{plástico}} + \varepsilon_{\text{elástico}} \Rightarrow \varepsilon_{\text{plástico}} = 0,001625 - 0,00125 = \boxed{0,000375}$$

$$\varepsilon_{\text{plástico}} = \frac{\Delta L}{L_0} = \frac{\Delta L}{10} = 0,000375 \Rightarrow \Delta L = \boxed{0,00375 \text{ m}}$$

$$L_{\text{plástico}} = L_0 + \Delta L = 10 + 0,00375 = \boxed{10,00375 \text{ m}}$$

No caso do cálculo da deformação transversal obtida por meio do coeficiente de Poisson, é importante observar que a definição de coeficiente de Poisson é válida apenas até o final da fase elástica.

$$\nu = \frac{-\varepsilon_{\text{tranversal}}}{\varepsilon_{\text{longitudinal}}} \Rightarrow 0,25 = \frac{-\varepsilon_{\text{tranversal}}}{0,001} \Rightarrow \varepsilon_{\text{tranversal}} = \boxed{-0,00025}$$

1.4 EQUILÍBRIO E ESFORÇOS SOLICITANTES

O estudo do equilíbrio estático é de suma importância para o desenvolvimento da Resistência dos Materiais. A consideração dos corpos em equilíbrio estático é base fundamental no desenvolvimento das formulações da Resistência dos Materiais. Em muitos problemas de engenharia, a análise estrutural é feita considerando-se corpos em equilíbrio.

Considera-se inicialmente no desenvolvimento um corpo qualquer no espaço onde atua um conjunto de forças quaisquer de acordo com a Figura 1.27.

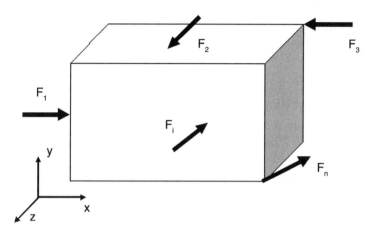

FIGURA 1.27 **Corpo qualquer submetido a um grupo de forças.**

Para que o corpo esteja em equilíbrio, obrigatoriamente, deve-se ter:

$$R = F_1 + F_2 + \cdots + F_i + \cdots + F_n = 0 \qquad (1.30)$$

e

$$M_R^o = r_1 \times F_1 + r_2 \times F_2 + \cdots + r_n \times F_n = 0 \qquad (1.31)$$

sendo R a resultante das forças e M_R^o o momento resultante das forças em relação a um ponto "o" qualquer no espaço. De forma mais condensada, pode-se escrever:

$$R = \sum_{i=1}^{n} F_i = 0 \qquad (1.32)$$

$$M_R^o = \sum_{i=1}^{n} r_1 \times F_1 = \sum_{i=1}^{n} M_i = 0 \qquad (1.33)$$

De modo que r_i é vetor posição do ponto "o" até um ponto qualquer na linha de ação da força F_i, com "×" sendo o símbolo de produto vetorial. No equilíbrio em três dimensões, tem-se:

$$R = \sum_{i=1}^{n} F_i = \Sigma F_x i + \Sigma F_y j + \Sigma F_z k = 0 \qquad (1.34)$$

$$M_R^o = \sum_{i=1}^{n} M_i = \Sigma M_x i + \Sigma M_y j + \Sigma M_z k = 0 \qquad (1.35)$$

De forma que, para um corpo em equilíbrio estático em três dimensões, as seis equações escalares a seguir devem ser satisfeitas:

$$\Sigma F_x = 0; \quad \Sigma F_y = 0; \quad \Sigma F_z = 0 \qquad (1.36)$$

$$\Sigma M_x = 0; \quad \Sigma M_y = 0; \quad \Sigma M_z = 0 \qquad (1.37)$$

As seis equações escalares anteriores são chamadas *equações universais da estática*. Essas equações se reduzem a apenas três no caso de problemas planos (x-y, por exemplo), ou seja:

$$\sum F_x = 0; \quad \sum F_y = 0 \tag{1.38}$$

$$\sum M_z = 0 \tag{1.39}$$

1.4.1 Equilíbrio em duas dimensões

É intuitivo concluir que todos os corpos ocupam as três dimensões, ou seja, todo problema de equilíbrio é naturalmente tridimensional. Porém, em várias situações da física e da engenharia, as características geométricas e aplicação de forças de um problema fazem com que este possa ser tratado, sem prejuízo algum, em duas dimensões. É o caso de elementos estruturais de chapas, vigas[7], treliças[8], entre outros. Considere-se, então, uma chapa de formato retangular, por exemplo, no plano x-y solicitada por um grupo de forças no mesmo plano, conforme Figura 1.28.

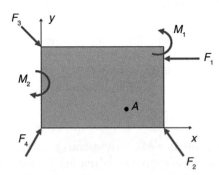

FIGURA 1.28 Chapa retangular submetida a um grupo de forças no plano.

Para que o corpo esteja em equilíbrio, obrigatoriamente, deve-se ter:

$$\sum_{i=1}^{n} F_i = \sum F_x \mathbf{i} + \sum F_y \mathbf{j} = 0 \tag{1.40}$$

$$\sum_{i=1}^{n} M_i^A = \sum M_z \mathbf{k} = 0 \tag{1.41}$$

No caso plano ilustrado na Figura 1.28, o ponto "A" é genérico no plano, ou seja, qualquer outro ponto no plano fornecerá o mesmo equilíbrio de forças e

---

[7] Vigas são elementos estruturais reticulados (com comprimento preponderante em relação às dimensões da seção transversal) que trabalham essencialmente à flexão e ao cisalhamento (força cortante atuante na seção transversal).
[8] Treliças são estruturas constituídas por módulos de três barras articuladas formando uma célula triangular estável (caso 2D) ou de quatro barras articuladas formando um uma célula tetraédrica estável (caso 3D). A junção de diversas células compõe uma estrutura treliçada, ou simplesmente treliça, que também deve ser externamente estável. São estruturas cujos elementos trabalham essencialmente à tração e à compressão, sendo esforços de flexão e cisalhamento praticamente desprezíveis.

momentos. As equações universais da estática, como comentado anteriormente, se reduzem a apenas três e aqui são reescritas como: $\Sigma F_x = 0$, $\Sigma F_y = 0$ e $\Sigma M_z = 0$.

Para se empregar as equações de equilíbrio, faz-se necessário a identificação de todas as forças que atuam no corpo ou elemento em análise. Isso se dá através do traçado do Diagrama de Corpo Livre (DCL). O DCL consiste em representar o contorno do elemento com as forças e os momentos aplicados, sendo os vínculos substituídos pelas reações incógnitas equivalentes, aqui denominadas reações de apoio.

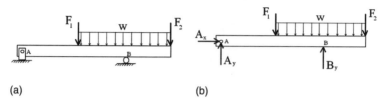

(a) (b)

FIGURA 1.29 (a) Viga conjugada em balanço; (b) respectivo DCL.

Na Figura 1.29 há uma viga conjugada em balanço (Fig. 1.29a) e seu respectivo DCL (Fig. 1.29b) resultante da liberação dos vínculos nos apoios A e B em detrimento da substituição por possíveis reações de apoio. Então, nos problemas de equilíbrio, o objetivo é determinar as reações nos apoios, sendo assim, recomenda-se seguir os seguintes passos para resolução:

1. Traçar o DCL inicial, ou seja, consiste na retirada dos apoios do corpo/elemento com a substituição das respectivas forças reativas (reações nos apoios). O sentido das forças é arbitrário.
2. Empregar, a fim de se determinar tais reações, as três equações de equilíbrio estático, também chamadas equações universais da estática.
3. Traçar o DCL final, contendo os valores das reações e respectivas direções.

EXERCÍCIO RESOLVIDO 1.5

Determinar as reações de apoio para o pórtico ilustrado a seguir.

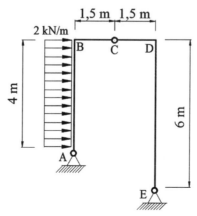

FIGURA 1.30 Pórtico plano triarticulado. *Fonte*: Adaptado de Darkov e Kuznetsov (1989).

Resolução

Os apoios "A" e "E" apresentam duas reações de apoio de forças (nas direções horizontal e vertical) enquanto a rótula "C" transmite apenas forças entre as vigas horizontais, deixando livre a rotação relativa entre as barras.

Primeiramente, deve-se traçar o DCL inicial, ou seja:

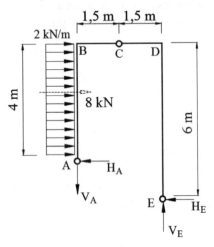

FIGURA 1.31 **DCL do pórtico plano triarticulado.**

Como *a priori* não se sabe o sentido real das reações, elas são arbitradas inicialmente. O segundo passo é o emprego das equações universais da estática, considerando-se uma força resultante equivalente aplicada no baricentro[9] da força distribuída. Em problemas planos, pela simplicidade da disposição dos vetores, utiliza-se o método de resolução escalar. Nesse método, arbitra-se um sentido positivo para forças e momentos em torno do ponto. No caso específico deste problema, há quatro reações de apoio a serem determinadas e três equações básicas da estática no plano. Deve-se recorrer a uma quarta equação, referente à não transmissão de momento na rótula "C". Ou seja, a resultante de momentos à direita ou à esquerda da rótula é nula. Considerando-se o somatório à direita, tem-se:

$$\circlearrowleft \Sigma M_C^{DIR} = 0$$
$$1,5 \cdot V_E - 6 \cdot H_E = 0$$
$$\Rightarrow V_E = 4 \cdot H_E$$

A aplicação das três equações da estática no plano fornece:

$$\circlearrowleft \Sigma M_A = 0$$
$$3 \cdot V_E - 8 \cdot 2 - 2 \cdot H_E = 0$$
$$3 \cdot (4 \cdot H_E) - 8 \cdot 2 - 2 \cdot H_E = 0$$
$$\Rightarrow \boxed{H_E = 1,6 \text{ kN}} \leftarrow$$

---

[9] Baricentro neste caso pode ser definido como ponto pelo qual a linha de ação da força distribuída resultante passa sem causar efeitos secundários de flexão.

$$\Rightarrow \boxed{V_E = 6{,}4 \text{ kN}} \uparrow$$
$$\uparrow \Sigma F_y = 0$$
$$V_A + 6{,}4 = 0$$
$$\Rightarrow \boxed{V_A = 6{,}4 \text{ kN}} \downarrow$$
$$\rightarrow \Sigma F_x = 0$$
$$-H_A + 8 - 1{,}6 = 0$$
$$\Rightarrow \boxed{H_E = 6{,}4 \text{ kN}} \leftarrow$$

É importante ressaltar que o ponto "A" para equação de momentos foi escolhido de forma arbitrária, isto é, pode ser qualquer ponto.

Como última etapa, desenha-se, portanto, o DCL final com as reações obtidas nos sentidos corretos, ou seja:

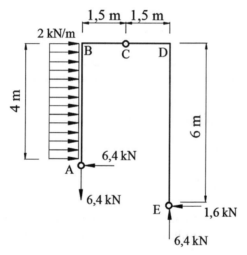

FIGURA 1.32 Reações de apoio do pórtico plano.

Em problemas de equilíbrio, pode-se facilmente averiguar se os resultados obtidos estão corretos, basta escrever a equação de equilíbrio de momentos para outro ponto qualquer no plano. No caso do exemplo, escolhe-se o ponto "E", ou seja:

$$\circlearrowleft \Sigma M_E = 0 \therefore 6{,}4 \cdot 2 + 6{,}4 \cdot 3 - 8 \cdot (2 + 2) = 0 \Rightarrow \text{Resultado Correto!}$$

1.4.2 Esforços solicitantes

As forças internas nos corpos sólidos surgem em decorrência das ações externas aplicadas no sistema. Essas forças estão relacionadas com a coesão entre as partículas que constituem o sólido considerado. O Método das Seções é a estratégia utilizada para se determinar as forças internas resultantes em estruturas lineares, tais como vigas, eixos, molas helicoidais, árvores, treliças e pórticos. Considera-se, por exemplo, o DCL de uma viga da Figura 1.33 que está em equilíbrio.

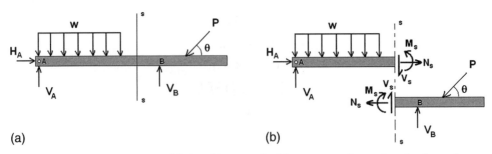

(a)   (b)

FIGURA 1.33 (a) Viga em equilíbrio; (b) seção fictícia s-s para determinação dos esforços (representados na figura com seus sentidos positivos).

O Método das Seções consiste em considerar uma seção fictícia (por exemplo: a seção s-s da Figura 1.33) onde se deseja calcular as forças internas. Tal seção deve ser perpendicular ao eixo do elemento, sendo assim chamada seção transversal. Após o traçado dessa seção, faz-se a separação do elemento em DCL (Figura 1.33b). As forças que garantem o equilíbrio de cada DCL são forças internas ou esforços internos. Sabendo que se estrutura está em equilíbrio, qualquer parte dela também estará e pode-se determinar os esforços internos equilibrando qualquer uma de suas partes através das equações universais da estática.

Nos elementos estruturais, podem surgir quatro tipos de esforços internos a saber:

- **Esforço Normal (N)**. Também chamado Força Normal ou axial, tem sua resultante normal ao plano da seção reta. Tende a alongar ou a encurtar o elemento.
- **Momento Fletor (M)**. Tem sua resultante (vetor de seta dupla) atuante no plano da seção transversal. Tende a flexionar o elemento, ou seja, girar a seção em torno de um eixo no próprio plano da seção.
- **Esforço Cortante (V)**. Também chamado Força Cortante ou Força de Cisalhamento. Tende a cisalhar (cortar) o elemento ao longo do plano da seção transversal. Tem sua resultante no plano da seção reta.
- **Momento Torçor (T)**. Também chamado momento torsional ou torque (não foi representado na barra ilustrativa). Tende a torcer o elemento, ou seja, girar a seção em torno de um eixo perpendicular ao seu plano. Sua resultante (vetor de seta dupla) é normal ao plano da seção reta do elemento.

Para determinação dos esforços internos, faz-se necessário a adoção de convenção de sinal. Aqui se adota a seguinte convenção[10]:

- Esforços atuando na face esquerda da seção

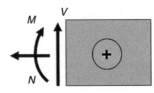

FIGURA 1.34 Convenção positiva para os esforços solicitantes atuando pela esquerda da seção.

---

[10] Conhecida como convenção usual de esforços solicitantes.

- Esforços atuando na face direita da seção

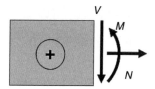

FIGURA 1.35 Convenção positiva para os esforços solicitantes atuando pela direita da seção.

O sentido positivo da seta dupla do momento torçor segue o sentido positivo da direção normal da seção solicitada (positivo girando a seção no sentido anti-horário).

1.4.3 Relações entre força distribuída, esforço cortante e momento fletor

Pode-se estabelecer uma relação entre esforço cortante e momento fletor, considerando-se o equilíbrio de um trecho de viga, conforme a Figura 1.36, no qual a força distribuída é dada por uma função qualquer contínua e diferenciável nesse intervalo. É importante observar que o sentido positivo do sistema de coordenadas relacionado com o eixo da viga (eixo X) é considerado positivo da esquerda para a direita.

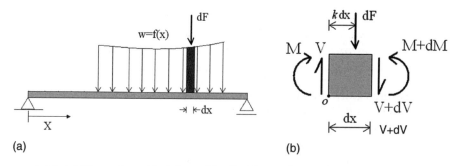

FIGURA 1.36 (a) Viga submetida à força distribuída, w; (b) equilíbrio de um trecho da viga.

Além disso, destaca-se ainda uma parcela diferencial na Figura 1.36a e evidenciando em DCL na Figura 1.36b, com o ponto "O" em destaque. Efetuando-se o equilíbrio do DCL obtém-se:

$$\uparrow \Sigma F_y = 0 \therefore V - (V + dV) - dF = 0$$

Sendo $dF = wdx$, tem-se:

$$\boxed{\frac{dV}{dx} = -w}$$
(1.42)

Do somatório dos momentos em relação ao ponto "O" obtém-se:

$$\circlearrowleft \sum M_0 = 0 \therefore M + dM - M - (V + dV) \cdot dx - k \cdot dx \cdot (w \cdot dx) = 0$$

$$\therefore dM - V \cdot dx - dV \cdot dx - w \cdot dx^2 \cdot k = 0$$

Desprezando-se os diferenciais de ordem superior, obtém-se:

$$\boxed{V = \frac{dM}{dx}} \tag{1.43}$$

Considerando-se as Equações (1.41) e (1.42), tem-se:

$$\boxed{\frac{d^2M}{dx^2} = -w} \tag{1.44}$$

A Equação (1.44) é aqui denominada de *Equação Diferencial do Momento Fletor*. Para se obter as expressões analíticas tanto do momento fletor, quanto do esforço cortante, basta integrar a equação anterior e aplicar as condições de contorno. O próximo exercício resolvido elucida essas questões.

1.4.4 Traçado dos diagramas de esforços solicitantes

Observa-se que os esforços internos em um elemento ou estrutura estão associados a uma determinada seção transversal plana, podendo geralmente haver variações conforme se vai tomando outras seções ao longo do elemento. Diante disso, é importante avaliar a variação desses esforços por meio do traçado de gráficos chamados *diagramas de esforços solicitantes*. Conforme a distinção utilizada neste capítulo, há quatro esforços solicitantes, de forma que:

- V – Esforço Cortante ou Força Cortante. O gráfico de sua variação é chamado Diagrama de Esforço Cortante (DEC).
- M – Momento Fletor. O gráfico de sua variação é chamado Diagrama de Momento Fletor (DMF).
- N – Esforço Normal ou Força Normal. O gráfico de sua variação é chamado Diagrama de Esforço Normal (DEN).
- T – Momento Torçor. O gráfico de sua variação é chamado Diagrama de Momento Torçor (DMT).

O primeiro passo para o traçado dos diagramas de esforços é a determinação das expressões analíticas desses esforços para cada trecho homogêneo. Um trecho homogêneo se caracteriza como o intervalo ao longo do seu eixo onde não haja variação brusca de carregamento ou mudança na função das forças distribuídas, ou seja, é o intervalo onde "w" é contínua e diferenciável ou quando não haja mudança de direção do trecho.

EXERCÍCIO RESOLVIDO 1.6

Determinar os esforços solicitantes internos na viga com balanço.

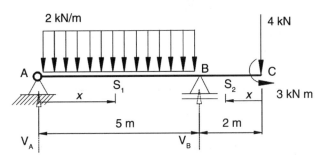

FIGURA 1.37 **Viga engastada com balanço.**

Resolução

Primeiro passo é a determinação das reações do apoio fixo "A". Pode-se recorrer ao DCL, mas como o problema é muito simples, utilizam-se das reações reações de apoio representadas na Figura 1.37 diretamente para o cálculo. Nesse caso, por não haver forças externas horizontais, não há, portanto, reação nesta direção. Assim, das equações da estática para o plano tem-se:

$$\circlearrowleft \sum M_A = 0$$

$$5 \cdot V_B - 10 \cdot 2{,}5 - 4 \cdot 7 + 3 = 0$$

$$\Rightarrow \boxed{V_B = 10 \text{ kN}} \uparrow$$

$$\uparrow \sum F_y = 0$$

$$V_A + 10 - 10 - 4 = 0$$

$$\Rightarrow \boxed{V_A = 4 \text{ kN}} \uparrow$$

A maneira analítica de traçar os diagramas de momentos fletores e esforços cortantes é montar funções para os momentos fletores nos trechos carregados. Considerando-se a Figura 13.7, a função momento fletor no trecho AB em uma seção S_1, com referência a partir da extremidade esquerda é dada por:

$$\circlearrowleft M_{S_1}^{ESQ} = 4 \cdot x - (2 \cdot x) \cdot \frac{x}{2} = 4 \cdot x - x^2$$

Aplicando-se a relação derivada obtém-se a função esforço cortante no trecho AB.

$$\uparrow V_{S_1}^{ESQ} = \frac{dM}{dx} = 4 - 2 \cdot x$$

O ponto de momento máximo corresponde ao ponto de esforço cortante nulo no trecho ($x_{máx} = 2m$) e, dessa forma, o momento fletor máximo no trecho AB pode ser calculado:

$$\circlearrowleft M_{AB}^{máx} = 4 \cdot 2 - 2^2 = 4 \text{ kN} \cdot \text{m}$$

Para a análise no trecho BC, considerando-se agora a referência a partir da extremidade direita, em uma seção S_2 obtém-se a equação:

$$\circlearrowleft M_{S_2}^{DIR} = -4 \cdot x + 3$$

A relação entre momento fletor e esforço cortante é válida para a variável "x" orientada da esquerda para direita ("y" positivo para cima). Pode-se observar que para qualquer posição de S_2 no trecho BC o esforço cortante é positivo para baixo, o que de acordo com a convenção usual de esforço é positivo.

$$\downarrow V_{S_2}^{DIR} = 4 \text{ kN}$$

O mesmo sinal pode ser obtido fazendo-se o cálculo no trecho BC pela esquerda:

$$\uparrow V_{S_2}^{ESQ} = 10 - (2 \cdot 5) + 4 = 4 \text{ kN}$$

Resultado também positivo de acordo com a convenção usual.

O momento fletor máximo negativo no trecho BC ocorre sobre o apoio móvel B. Observa-se que quando os esforços cortantes são nulos ou cruzam o eixo da viga ocorrem momentos fletores máximos nessas posições.

$$\circlearrowleft M_{BC}^{máx} = -4 \cdot 2 + 3 = -5 \text{ kN} \cdot \text{m}$$

$$\Rightarrow \boxed{M_{BC}^{máx} = 5 \text{ kN} \cdot \text{m}} \circlearrowright$$

Na Figura 1.37A são apresentados dos diagramas de esforços solicitantes da viga ([DMF] = Diagrama de Momentos Fletores; [DEC] = Diagrama de Esforços Cortantes). Para o caso de Diagrama de Momentos Fletores, os valores positivos são representados abaixo do eixo da viga para facilitar a visualização das deformações da linha elástica da estrutura.

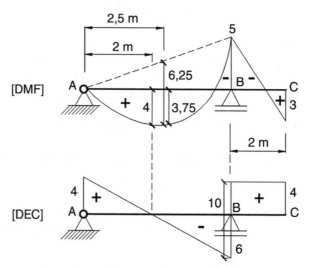

FIGURA 1.37A **Diagramas de esforços solicitantes da viga com balanço.**

1.5 SOLICITAÇÃO AXIAL

A solicitação axial pura é um problema associado essencialmente aos esforços de tração ou compressão que atuam nas seções transversais dos elementos. No caso de barras prismáticas, considera-se que a resultante de todas as ações externas aplicadas atua no eixo longitudinal do elemento estrutural. No caso de resultante de forças axial atuando paralelamente ao eixo longitudinal da barra, mas não coincidente com o centroide da área da seção transversal, há uma solicitação adicional de flexão[11] além da solicitação axial.

Dentro do limite de proporcionalidade, nenhuma distinção é feita entre os casos de tração e de compressão, desde que a força axial resultante de compressão esteja abaixo do valor de perda de estabilidade elástica nos elementos esbeltos.

1.5.1 Princípio de Saint-Venant

O princípio de Saint-Venant estabelece que as tensões e deformações em regiões distantes das regiões de aplicação de forças, dispositivos de apoio e regiões de descontinuidade terão valores similares aos causados por um sistema de forças equivalente. Observa-se na Figura 1.38 que as tensões normais (em corte longitudinal) são distribuídas de maneira não uniforme nas proximidades do ponto de aplicação da força concentrada, mas que a partir de uma distância "d" as tensões normais se distribuem de maneira aproximadamente constante.

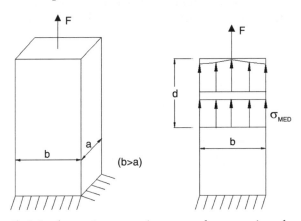

FIGURA 1.38 Distribuição de tensões normais em uma barra tracionada.

A distância mínima para validade do princípio de Saint-Venant é a maior dimensão da área (A) da seção transversal solicitada. No caso do sistema apresentado na Figura 1.38, para $d \geq b \Rightarrow \sigma \cong \sigma_{MED} = F/A$ (em todos os pontos da seção).

1.5.2 Deformação elástica de um elemento solicitado axialmente

O alongamento axial (δ) em um elemento estrutural solicitado axialmente pode ser calculado com base na lei de Hooke uniaxial. Considerando-se o caso geral apresentado na Figura 1.39, tem-se:

---

[11] Que provoca variações nos alongamentos longitudinais das fibras ao longo da altura da barra.

$$\sigma = E\varepsilon$$

$$\frac{N(x)}{A(x)} = E\frac{d\delta}{dx} \quad (1.45)$$

$$\Rightarrow \boxed{\delta = \int_L d\delta = \int_L \frac{N(x)}{EA(x)}\,dx}$$

A Equação (1.45) fornece o deslocamento total do elemento apresentado na Figura 1.39, em sua extremidade livre.

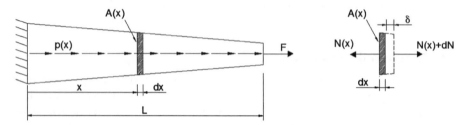

FIGURA 1.39 Elemento estrutural em solicitação axial e equilíbrio de um trecho infinitesimal de comprimento.

Caso o elemento considerado fosse prismático (A(x) = *constante*) e a força aplicada fosse constante ao longo do comprimento do elemento (N(x) = F = *constante*), tem-se:

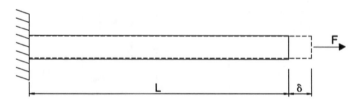

FIGURA 1.40 Alongamento axial de uma barra prismática.

$$\delta = \frac{N}{EA}\int_L dx$$

$$\boxed{\delta = \frac{NL}{EA}} \quad (1.46)$$

O produto EA é chamado módulo de rigidez axial da barra.

Para o caso de elementos estruturais constituídos por diversos trechos (*n*) é necessário considerar a influência de cada trecho e traçar o diagrama de esforços solicitantes para encontrar os valores das contribuições nos trechos (N_i). No caso de elementos prismáticos, tem-se:

$$\boxed{\delta = \sum_{i=1}^{n} \frac{N_i L_i}{E_i A_i}} \quad (1.47)$$

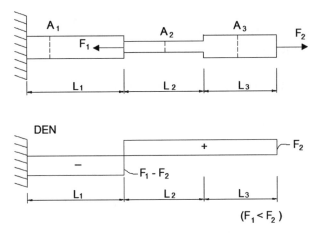

FIGURA 1.41 Elemento estrutural constituído por três trechos prismáticos, solicitado axialmente e diagrama de esforços normais.

1.5.3 Princípio da superposição de efeitos

O Princípio da superposição de efeitos considera que o efeito provocado em uma estrutura por determinada ação combinada pode ser obtido calculando-se separadamente os efeitos das várias parcelas que constituem a ação, somando-se posteriormente os resultados obtidos. A Figura 1.42 ilustra o conceito da superposição de efeitos.

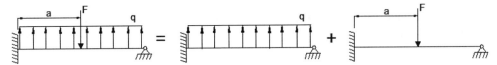

FIGURA 1.42 Exemplo da decomposição utilizada com base na superposição de efeitos.

São consideradas as seguintes condições para a validade do princípio da superposição de efeitos: proporcionalidade entre causa e efeito; pequenos deslocamentos e pequenas rotações; as seções transversais permanecem planas e perpendiculares à linha neutra[12] (cinemática de Euler-Bernoulli); integridade estrutural durante as deformações. No dimensionamento estrutural é necessário garantir condições que possibilitem considerar a validade das hipóteses anteriores dentro de certos limites de confiabilidade.

Na resolução de problemas estaticamente indeterminados que possuem mais incógnitas que as equações universais da estática, utiliza-se uma combinação das equações de equilíbrio estático e das equações de compatibilidade relacionadas com a cinemática da configuração deformada. No caso das solicitações axiais, são consideradas equações de compatibilidade que relacionam deslocamentos (δ) e forças axiais nas seções (N) dos elementos envolvidos na análise.

Há diversos métodos que podem ser empregados na resolução de problemas estaticamente indeterminados[13]. A opção mais imediata é a aplicação do Método das Forças, que é um método utilizado na resolução de problemas estaticamente

---

[12] Linha em corte longitudinal na qual não há deformação.
[13] Também conhecidos como problemas hiperestáticos.

indeterminados baseado no Princípio da Superposição de Efeitos. São consideradas na resolução pelo método: a superposição das ações aplicadas e as condições de compatibilidade cinemática do problema.

1.5.4 Análise de tensões térmicas aplicadas em elementos reticulados

A análise de deformações normais causadas por variações de temperatura ($\varepsilon_{\Delta T}$) em elementos reticulados pode ser feita com base na equação de dilatação térmica linear.

$$\boxed{\varepsilon_{\Delta T} = \alpha \Delta T} \tag{1.48}$$

Em que α é o coeficiente de dilatação térmica linear do material (expresso geralmente em °C^{-1}) e ΔT a variação de temperatura imposta (expressa geralmente em °C).

É importante observar que neste caso há apenas a consideração da imposição de variações de temperatura constantes nos elementos retilíneos. Ou seja, que podem causar apenas tração ou compressão. Caso a imposição de variação fosse variável ao longo da altura, haveria o surgimento de esforços adicionais de flexão no elemento.

Assim, o alongamento causado por uma variação de temperatura constante aplicada na extensão de toda a barra é dado pela equação:

$$\delta_{\Delta T} = \alpha \Delta T L \tag{1.49}$$

Caso a variação de temperatura seja aplicada de maneira constante na altura do elemento, mas variável no comprimento, a deformação normal seria dada pela equação:

$$\boxed{\varepsilon_{\Delta T} = \frac{\delta_{\Delta T}}{L} = \alpha \cdot \frac{\int_L \Delta T(x) dx}{\int_L dx}} \tag{1.50}$$

A aplicação da Lei de Hooke permite calcular as tensões térmicas.

$$\boxed{\sigma_{\Delta T} = E \alpha \Delta T} \tag{1.51}$$

No caso de tensões causadas por variação de temperatura, apenas há componentes de tensão normal, pois as componentes de tensão de cisalhamento não provocam variação de volume nos sólidos deformáveis. Outro aspecto importante a ser destacado é que as tensões térmicas são autoequilibradas, não necessitando da aplicação de forças externas para obtenção do equilíbrio estático.

EXERCÍCIO RESOLVIDO 1.7

Uma chapa rígida com força peso igual a 400 kN é apoiada sobre sobre duas barras de bronze e uma barra de aço, conforme a Figura 1.43. O equilíbrio na posição inicial é feito a uma temperatura de 20 °C. Pede-se calcular a temperatura de equilíbrio na qual apenas as barras de bronze serão solicitadas axialmente por esforços normais.

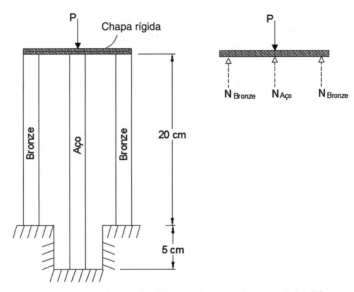

FIGURA 1.43 Sistema estrutural constituído por barras de materiais diferentes conectadas por uma chapa rígida.

Dados
Aço
A = 25 cm²
E = 210 GPa
$\alpha = 1{,}17 \cdot 10^{-5}$ °C^{-1}

Bronze
A = 25 cm²
E = 83 GPa
$\alpha = 1{,}89 \cdot 10^{-5}$ °C^{-1}

Resolução

Pode-se iniciar a resolução pela equação de equilíbrio estático, conforme as condições impostas pelo problema.

$$\uparrow \Sigma F_y = 0$$

$$2 \cdot N_{bronze} - 400 = 0$$

$$\Rightarrow \boxed{N_{bronze} = 200 \text{ kN}}$$

Na sequência, monta-se a equação de compatibilidade do problema, também de acordo com as condições do problema e Equações (1.46) e (1.49).

$$\delta_{N_{aço}} + \delta_{\Delta T_{aço}} = \delta_{N_{bronze}} + \delta_{\Delta T_{bronze}}$$

$$0 + 1{,}17 \cdot 10^{-5} \cdot \Delta T \cdot 0{,}025 = \frac{-200 \cdot 10^3 \cdot 0{,}020}{83 \cdot 10^9 \cdot 25 \cdot 10^{-4}} + 1{,}89 \cdot 10^{-5} \cdot \Delta T \cdot 0{,}020$$

$$\boxed{\Delta T = 225{,}5 \text{ °C}}$$

Como o problema pede a temperatura de equilíbrio (T) e não a variação de temperatura para o equilíbrio (ΔT) deve-se efetuar o cálculo, considerando-se a temperatura inicial do problema (20 °C).

$$\Delta T = T_{final} - 20 = 225{,}5$$

$$\boxed{T_{final} = 245{,}5 \,°C}$$

1.6 CISALHAMENTO PURO

Em alguns tipos de dimensionamento de elementos de ligação é possível observar estados de cisalhamento puro, nos quais há apenas tensões de cisalhamento atuando sobre o sólido analisado. Quando há apenas esforço cortante atuando sobre determinada seção transversal, pode-se usar o conceito de tensão de cisalhamento média, que é a razão entre o esforço cortante e a área cisalhada ($\tau_{MED} = V/A$). A tensão de cisalhamento média é um valor de referência, que no caso de cisalhamento puro de elementos de ligação[14] pode ser usada no dimensionamento. Na realidade, as distribuições das tensões de cisalhamento são mais complexas e envolvem fenômenos dissipativos, como o atrito e o nível de pré-tensão das ligações.

O cisalhamento puro causado pelo esforço cortante pode ser simples ou duplo, dependendo do tipo de junta de sobreposição utilizada. A Figura 1.44 ilustra os dois tipos de junta.

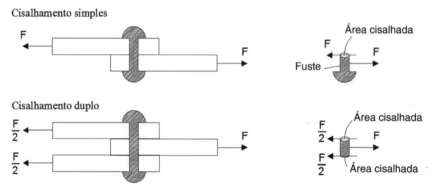

FIGURA 1.44 **Juntas de sobreposição utilizadas na ligação entre elementos estruturais.**

Para o caso de cisalhamento simples, é possível haver a ocorrência de esforços adicionais de flexão causados pela distância entre as forças aplicadas nas duas chapas. Observa-se que dependendo da espessura das chapas consideradas para o cisalhamento simples, o esforço adicional de flexão pode não ser desprezível.

A Figura 1.45 resume a hipótese utilizada para o dimensionamento de ligações parafusadas submetidas ao cisalhamento puro, ou seja, a força de cisalhamento é distribuída de modo uniforme entre parafusos iguais. Deve-se ainda observar que a tensão de contato do parafuso com a chapa pode ser calculada usando-se a área projetada do parafuso na chapa, ou seja, usando a área igual ao produto entre

---

[14] Parafusos, rebites, filetes de solda e superfícies coladas e pregos.

espessura da chapa e diâmetro do parafuso. Também deve-se verificar a resistência da área líquida da chapa (descontando-se as áreas projetadas dos parafusos) à solicitação axial.

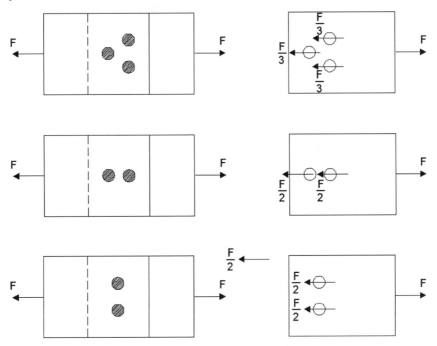

FIGURA 1.45 **Influência da disposição dos parafusos na distribuição dos esforços cortantes.**

Os casos de dois parafusos alinhados horizontal ou verticalmente influenciam no dimensionamento da tração nas chapas, pois os valores das áreas líquidas nas seções críticas serão diferentes.

Para o caso de ligações soldadas, deve-se considerar a área mínima do filete de solda (área do gargalo da solda) nos cálculos. No caso de seção do filete de solda do tipo triângulo retângulo equilátero, tem-se: A = sen (45°) · d · L. Sendo que o parâmetro "d" está relacionado com a espessura da face do filete de solda e o parâmetro "L" está relacionado com o comprimento do filete de solda. A Figura 1.46 ilustra a área mínima do filete de solda a ser considerada nos cálculos. O livro de Higdon et al. (1981) apresenta um capítulo detalhado sobre dimensionamento de ligações.

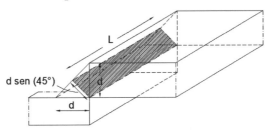

FIGURA 1.46 **Área mínima do filete de solda a ser considerada no dimensionamento da ligação soldada.**

EXERCÍCIO RESOLVIDO 1.8

Para a estrutura em equilíbrio estático, apresentada na Figura 1.47, pede-se calcular as tensões de cisalhamento nos pinos circulares de ligação nos apoios, cujos diâmetros são iguais a 1 cm cada.

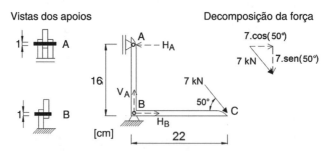

FIGURA 1.47 Estrutura biapoiada com apoios ligados por pinos circulares.

Resolução

Inicialmente é necessário calcular as reações de apoio da estrutura, com os sentidos indicados na Figura 1.47 e considerando-se a decomposição da força de 7 kN em componentes horizontal e vertical.

$$\circlearrowleft \sum M_B = 0$$

$$16 \cdot H_A - 7 \cdot \text{sen}(50°) \cdot 22 = 0$$

$$\Rightarrow \boxed{H_A = 7{,}373 \text{ kN}} \leftarrow$$

$$\rightarrow \sum F_x = 0$$

$$H_B - 7{,}373 + 7 \cdot \cos(50°) = 0$$

$$\Rightarrow \boxed{H_B = 2{,}874 \text{ kN}} \rightarrow$$

$$\rightarrow \sum F_y = 0$$

$$V_B - 7 \cdot \text{sen}(50°) = 0$$

$$\Rightarrow \boxed{V_B = 5{,}362 \text{ kN}} \uparrow$$

Com as reações de apoio calculam-se as resultantes de forças cortantes atuantes nos pinos dos apoios:

$$R_A = H_A = \boxed{7{,}373 \text{ kN}}$$

$$R_B = \sqrt{2{,}874^2 + 5{,}362^2} = \boxed{6{,}084 \text{ kN}}$$

O apoio "A" está submetido a um cisalhamento duplo, enquanto o apoio "B" está submetido a um cisalhamento simples. Assim, as tensões de cisalhamento nos pinos dos apoios são calculadas conforme a seguir:

$$\tau_A = \frac{V}{2 \cdot A} = \frac{7{,}373 \cdot 10^3}{2 \cdot \frac{\pi}{4} \cdot 0{,}01^2} = \boxed{46{,}9 \text{ MPa}}$$

$$\tau_B = \frac{V}{A} = \frac{6{,}084 \cdot 10^3}{\frac{\pi}{4} \cdot 0{,}01^2} = \boxed{77{,}5 \text{ MPa}}$$

1.7 EXERCÍCIOS RESOLVIDOS
Conceitos de tensão e deformação
1.7.1. Sabendo-se que nos elementos estruturais (a), (b) e (c), eles estão sujeitos a torção uniforme, tração e compressão simples, obtenha — para cada um deles — as tensões normais e cisalhantes máximas e respectivas direções. Adote: $\tau_{xy} = 120$ MPa e $\sigma_x = 190$ MPa.

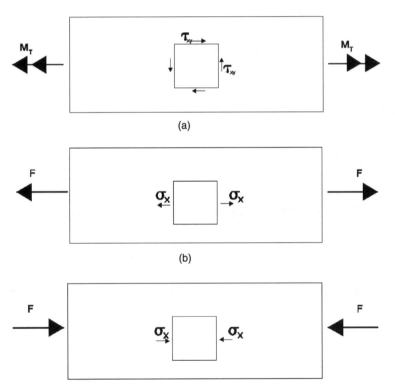

FIGURA 1.48 Estados de tensão causados pela: (a) torção; (b) tração; (c) compressão.

Resolução
As tensões principais são obtidas por:

a) $\sigma_1 = \dfrac{0+0}{2} + \sqrt{\left(\dfrac{0-0}{2}\right)^2 + (120)^2} = 120$ MPa

$\sigma_2 = -120$ MPa $\qquad$ $tg\theta_P = \dfrac{\sigma_1 - \sigma_x}{\tau_{xy}} = \dfrac{120 - 0}{120} = 0 \to \theta_P = 45°$

$\tau_{máx} = \dfrac{\sigma_1 - \sigma_2}{2} = \dfrac{120 + 120}{2} = 120$ MPa

$tg2\theta_S = \dfrac{\sigma_y - \sigma_x}{2 \cdot \tau_{xy}} = \dfrac{0 - 0}{2 \cdot 4} = 0 \to \theta_S = 0$

b) $\sigma_1 = \dfrac{190 + 0}{2} + \sqrt{\left(\dfrac{190 - 0}{2}\right)^2 + (0)^2} = 190$ MPa

$\sigma_2 = \dfrac{190 + 0}{2} - \sqrt{\left(\dfrac{190 - 0}{2}\right)^2 + (0)^2} = 0 \qquad tg\theta_P = 0 \to \theta_P = 0°$

$\tau_{máx} = \dfrac{\sigma_1 - \sigma_2}{2} = \dfrac{190 - 0}{2} = 85$ MPa

$tg2\theta_S = \dfrac{\sigma_y - \sigma_x}{2 \cdot \tau_{xy}} = \dfrac{0 - 190}{0} \to \theta_S = 45°$

c) $\sigma_1 = \dfrac{-190 + 0}{2} + \sqrt{\left(\dfrac{-190 - 0}{2}\right)^2 + (0)^2} = 0$

$\sigma_2 = \dfrac{-190 + 0}{2} - \sqrt{\left(\dfrac{-190 - 0}{2}\right)^2 + (0)^2} = -190$ MPa $\qquad tg\theta_P = 0 \to \theta_P = 0$

$\tau_{máx} = \dfrac{190 - 0}{2} = 85$ MPa $\qquad tg2\theta_S = \dfrac{\sigma_y - \sigma_x}{2 \cdot \tau_{xy}} = \dfrac{0 + 190}{0} \to \theta_S = 45°$

1.7.2. Uma região da chapa da fuselagem de um planador está sujeita ao estado de tensão indicado na Figura 1.49. Determine as tensões e direções principais de um elemento infinitesimal interno a essa região. Adote: σ_x = 80 MPa e σ_y = 90 MPa.

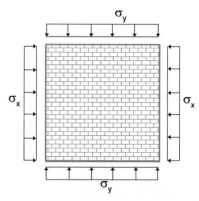

FIGURA 1.49 **Estado de tensão da chapa da fuselagem do planador.**

Resolução

a) $\sigma_1 = \dfrac{-80-90}{2} + \sqrt{\left(\dfrac{-80+90}{2}\right)^2 + (0)^2} = -85 + 5 = -80$ MPa

$\sigma_2 = -85 - 5 = -90$ MPa

$\text{tg}\theta_P = \dfrac{\sigma_1 - \sigma_x}{\tau_{xy}} = \dfrac{-80+80}{0} \to \theta_P = 0°$

$\tau_{máx} = \dfrac{\sigma_1 - \sigma_2}{2} = \dfrac{-80+90}{2} = 5$ MPa

$\text{tg}2\theta_S = \dfrac{\sigma_y - \sigma_x}{2\tau_{xy}} = \dfrac{-90+80}{0} \to \theta_S = 45°$

1.7.3. A chapa da fuselagem do planador do exercício anterior — que é uma região quadrada de lado 1200 mm — está sujeita aquele estado de tensões indicado. Determine as dimensões finais dessa região. Adote: E = 200 GPa e ν = 0,30.

Resolução

i) Obtendo a deformação na direção x e a sua variação de comprimento:

$\varepsilon_x = \dfrac{1}{E}(\sigma_x - \nu\sigma_y) = \dfrac{1}{200 \cdot 10^3}(-80 - 0,3 \cdot (-90)) = -2,65 \cdot 10^{-4}$

$\delta_x = \varepsilon_x \cdot L_x = -2,65 \cdot 10^{-4} \cdot 1200 \text{ mm} = -0,318$ mm

$L_f = 1200 - 0,318 = 1199,682$ mm

ii) Obter a deformação na direção y e a sua variação de comprimento:

$\varepsilon_y = \dfrac{1}{E}(\sigma_y - \nu\sigma_x) = \dfrac{1}{200.10^3}(-90 - 0,3 \cdot (-80)) = -3,3 \cdot 10^{-4}$

$\delta_y = \varepsilon_y \cdot L_y = -3,3 \cdot 10^{-4} \cdot 1200 = -0,396$ mm

$\to L_f = 1200 - 0,396 = 1199,604$ mm

1.7.4. Para as seguintes rosetas de deformação, obtenha as deformações e direções principais.

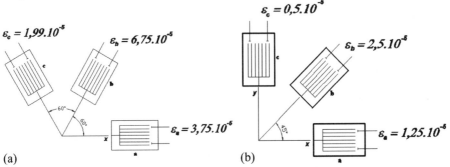

FIGURA 1.50 Deformações normais medidas por rosetas de deformação[15].

---

[15] Consultar a referência Greco e Maciel (2016) para equações de transformação de deformações para rosetas.

Resolução

a) $\varepsilon_x = \varepsilon_a = 3{,}75 \cdot 10^{-5}$ $\quad \varepsilon_y = \frac{1}{3}[2\varepsilon_b + 2\varepsilon_c - \varepsilon_a] = 4{,}58 \cdot 10^{-5}$

$$\gamma_{xy} = \frac{2}{\sqrt{3}}(\varepsilon_b - \varepsilon_c) = 5{,}50 \cdot 10^{-5}$$

$$\varepsilon_1 = 10^{-5}\left[\frac{3{,}75 + 4{,}58}{2} + \sqrt{\left(\frac{3{,}75 - 4{,}58}{2}\right)^2 + (5{,}50)^2}\right] = 9{,}67 \cdot 10^{-5}$$

$$\varepsilon_2 = 10^{-5}\left[\frac{3{,}75 + 4{,}58}{2} - \sqrt{\left(\frac{3{,}75 - 4{,}58}{2}\right)^2 + (5{,}50)^2}\right] = -1{,}35 \cdot 10^{-5}$$

$$\mathrm{tg}\,\theta_P = \frac{\gamma_{xy}}{\varepsilon_x - \varepsilon_y} = \left[\frac{5{,}50}{3{,}75 - 9{,}67}\right] \to \theta_P = -40{,}7°$$

$$\gamma_{máx} = \frac{\varepsilon_1 - \varepsilon_2}{2} = \left[\frac{9{,}67 + 1{,}35}{2}\right] = 5{,}51 \cdot 10^{-5} \qquad \mathrm{tg}\,2\theta_S = \frac{\varepsilon_y - \varepsilon_x}{\gamma_{xy}} \to \theta_S = 4{,}3°$$

b) $\varepsilon_x = \varepsilon_a = 1{,}25 \cdot 10^{-5}; \varepsilon_y = \varepsilon_c = 0{,}5 \cdot 10^{-5}; \gamma_{xy} = 2 \cdot \varepsilon_b - \varepsilon_a - \varepsilon_c = 3{,}25 \cdot 10^{-5}$

$$\varepsilon_1 = 10^{-5}\left[\frac{1{,}25 + 0{,}5}{2} + \sqrt{\left(\frac{1{,}25 - 0{,}5}{2}\right)^2 + (3{,}25)^2}\right] = 4{,}15 \cdot 10^{-5}$$

$$\varepsilon_2 = 10^{-5}\left[\frac{1{,}25 + 0{,}5}{2} - \sqrt{\left(\frac{1{,}25 - 0{,}5}{2}\right)^2 + (3{,}25)^2}\right] = -2{,}40 \cdot 10^{-5}$$

$$\mathrm{tg}\,\theta_P = \frac{\gamma_{xy}}{\varepsilon_x - \varepsilon_y} = \left[\frac{3{,}25}{1{,}25 - 0{,}5}\right] \to \theta_P = 38{,}5°$$

$$\gamma_{máx} = \frac{\varepsilon_1 - \varepsilon_2}{2} = 10^{-5}\left[\frac{4{,}15 + 2{,}40}{2}\right] = 3{,}27 \cdot 10^{-5}$$

$$\mathrm{tg}\,2\theta_S = \frac{\varepsilon_y - \varepsilon_x}{\gamma_{xy}} \to \theta_S = -6{,}5°$$

Propriedades mecânicas dos materiais

1.7.5. O pilar da Figura 1.51 está comprimido centralmente, de comprimento L = 2 m, seção transversal de medidas de largura = 10 cm e altura, h(x), constante de 10 cm. Atua no topo uma força de F = 100 kN. O diagrama de tensão-deformação bilinear é indicado na Figura 1.51, onde o ponto A é o limite elástico, com tensão e deformação que valem 70 MPa e 10%, e o ponto B, inelástico, tem valores, respectivamente de 90 MPa e 18%. Obtenha seu comprimento final.

Tensão, deformação, equilíbrio e solicitações axial e de corte 49

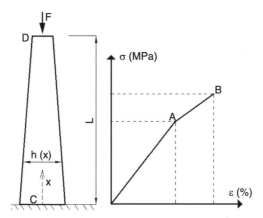

FIGURA 1.51 **Pilar de comportamento elastoplástico submetido à compressão.**

Resolução
Descobrir se o pilar está abaixo do limite A. A sua tensão atuante:

$$\sigma = \frac{N}{A} = \frac{-100}{0,1 \cdot 0,1} = -10.000 \text{ kN/m}^2 \text{ (trecho abaixo de A, elástico)}$$

$$E = \frac{70}{0,1} = 700 \text{ MPa} \quad \delta_D = \frac{NL}{EA} = \frac{-100 \cdot 2}{700 \cdot 10^3 \cdot 0,10^2} = -28,6 \text{ mm (encurtamento)}$$

Assim, o comprimento final do pilar fica: $L_f = 200 - 2,86 = 197,14$ cm

1.7.6. Para o pilar do exercício anterior, obtenha o comprimento final, se for aplicado uma força de F = 800 kN e logo em seguida removida.

Resolução
Descobrir se o pilar está abaixo do limite A. A tensão atuante é:

$$\sigma = \frac{N}{A} = \frac{-800}{0,1 \cdot 0,1} = -80.000 \text{ kN/m}^2 = -80 \text{ MPa (trecho inelástico)}$$

$$E_{inelástico} = \frac{20}{0,08} = 250 \text{ MPa}; \varepsilon_{total} = 0,1 + \frac{(80-70)}{250} = 0,14; \text{ (encurtamento)}$$

Após ser removida a força, a barra recupera uma parcela elástica, de modo que retorna por uma reta paralela a do trecho linear, podendo calcular a deformação sobre o eixo, que é dado por: $\sigma = \varepsilon_e E_{elástica} \rightarrow \varepsilon_e = {80}/{700} = 0,1143$ (encurtamento). A parcela permanente de deformação fica: $\varepsilon_{perm} = \varepsilon_{total} - \varepsilon_e = 0,14 - 0,1143 = 0,02571$ (encurtamento). Assim: $L_f = 200 \cdot (1 - 0,02571) = 194,86$ cm

1.7.7. Para o pilar do Exercício 1.7.5, sua altura, h(x), varia linearmente, onde na seção em C e D tem, respectivamente, medidas de 10 cm e 3 cm. Nele atua uma força no topo de F = 100 kN. Obtenha seu comprimento final.

Resolução

O trecho da tensão atuante é o linear, verifique! O deslocamento axial fica em termos da função da área da seção transversal. Para facilitar o cálculo dessa integração, usa-se um sistema com origem no centro do pilar, mudando para o sistema ξ, que deve varrer de –1 a +1. Assim, a área pode ser escrita como: $A(\xi) = 10^{-3} \cdot (-3,5\xi + 6,5)$.
O deslocamento axial é redigido como:

$$\delta_D = \int_{-1}^{+1} \frac{N d\xi}{EA(\xi)} = \int_{-1}^{+1} \frac{-100 d\xi}{700 \cdot 10^3 \cdot 10^{-3} \cdot (-3,5\xi + 6,5)} = \frac{-1}{7} \int_{-1}^{+1} \frac{d\xi}{(-3,5 \cdot \xi + 6,5)}$$

Resolvendo a integral analiticamente:

$$u = -3,5\xi + 6,5 \to du = -3,5 d\xi \to d\xi = -du/3,5$$

$$\xi = -1 \to u = 10 \; ; \; \xi = 1 \to u = 3$$

Assim: $\delta_D = \frac{1}{7}\int_{10}^{3} -du/3,5 = \frac{1}{24,5}\int_{10}^{3} du = \frac{1}{24,5}[\ln(3/10)] = -0,04914$ m

Ou calculando por integração numérica com 3 pontos de Gauss:

$$\xi_1 = -\sqrt{3/5} \to w_1 = 5/9 \; ; \; \xi_2 = 0 \to w_2 = 8/9 \; ; \; \xi_3 = \sqrt{3/5} \to w_1 = 5/9$$

$$\delta_D = -\frac{1}{7}\int_{-1}^{+1} \frac{d\xi}{(-3,5\xi + 6,5)} \approx -\sum_{i=1}^{3} \frac{1}{(-3,5\xi_i + 6,5)} w_i \approx -0,04909 \text{ m}$$

Portanto: $L_f = 200 - 0,491 = 199,51$ cm

1.7.8. Em um ensaio de tração simples do prisma indicado na Figura 1.52A foram instalados extensômetros de modo a se determinar as variações de medidas em função da variação da carga axial. A Tabela 1.1 apresenta esses valores até atingir a ruptura do material que é suposto homogêneo e isótropo. Sabe-se que seu comportamento é bilinear. Adote: $L_0 = 20$ cm, $b_0 = 15$ cm e $h_0 = 10$ cm. Com esses dados, obtenha:

a) O seu diagrama tensão × deformação.
b) O módulo de elasticidade longitudinal e o coeficiente de Poisson.
c) Volume final do prisma no trecho elástico.
d) Módulo de resiliência e tenacidade do material.

TABELA 1.1 Dados obtidos pelo ensaio de tração simples do material

N (kN)	Along. x (mm)	Encurt. y (mm)
1.134,0	0,2240	0,05712
2.298,4	0,4540	0,1158
3.169,1	0,6260	0,1596
3.600,4	0,7112	0,1814
3.717,0	0,8360	0,2132
3.861,4	0,9900	0,2524
4.050,0	1,1912	0,3038

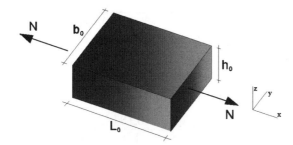

FIGURA 1.52A Corpo de prova ensaiado à tração.

Resolução

a) Obtendo a tensão e deformação em cada ponto:

$$\sigma_1 = \frac{1.134}{0,015} = 75,6 \text{ MPa}; \sigma_2 = \frac{2.298,4}{0,015} = 153,2 \text{ MPa}$$

$$\sigma_3 = \frac{3.169,1}{0,015} = 211,3 \text{ MPa}; \sigma_4 = \frac{3.600,4}{0,015} = 240 \text{ MPa}$$

$$\sigma_5 = \frac{3.717}{0,015} = 247,8 \text{ MPa}; \sigma_6 = \frac{3.861}{0,015} = 257,4 \text{ MPa}; \sigma_7 = \frac{4.050}{0,015} = 270 \text{ MPa}$$

$$\varepsilon_1 = \frac{0,224}{200} = 1,12 \cdot 10^{-3}; \varepsilon_2 = 2,27 \cdot 10^{-3}; \varepsilon_3 = 3,13 \cdot 10^{-3}; \varepsilon_4 = 3,556 \cdot 10^{-3};$$

$$\varepsilon_5 = 4,18 \cdot 10^{-3}; \varepsilon_6 = 4,95 \cdot 10^{-3}; \varepsilon_7 = 5,956 \cdot 10^{-3}$$

Se for obtido o módulo de elasticidade, nota-se que até o ponto 4, ele é o mesmo, com valor de: $E = \frac{240}{3,556 \cdot 10^{-3}} = 67.500$ MPa. A partir do ponto 5, pode-se obter seu trecho linear por:

$$E = \frac{247,8 - 240}{(4,18 - 3,556) \cdot 10^{-3}} = \frac{257,4 - 240}{(4,95 - 3,556) \cdot 10^{-3}} = \frac{270 - 240}{(5,956 - 3,556) \cdot 10^{-3}} = 12.500 \text{ MPa}$$

Assim, seu diagrama é esquematizado como:

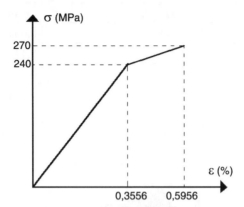

FIGURA 1.52B **Diagrama tensão-deformação do corpo de prova ensaiado à tração.**

b) Trecho elástico: $E_1 = 67,5$ GPa; trecho inelástico: $E_2 = 12,5$ GPa

Coeficiente de Poisson: Tomando um ponto até o limite elástico:

$$\varepsilon_y = \frac{1}{E}(\sigma_y - \nu\sigma_x) \to \varepsilon_y = \frac{\text{encurt.}}{b_0} = \frac{-0,1814}{150} = \frac{1}{67.500}(0 - \nu \cdot 240) \to \nu = 0,34$$

c) A variação relativa do volume é dado por:

$$\Delta V = (\varepsilon_x + \varepsilon_y + \varepsilon_z) \cdot V_{ini} = \varepsilon_x \cdot (1 - 2\nu) \cdot V_{ini} = 3,556 \cdot 10^{-3}(1 - 2.0,34) \cdot V_{ini}$$

$$\Delta V = 1,1379 \cdot 10^{-3} \cdot 20 \cdot 15 \cdot 10 = 3,414 \text{ cm}^3 \to V_{final} = V_{inicial} + \Delta V$$

$$V_{final} = 3,414 + 20 \cdot 15 \cdot 10 = 3003,41 \text{ cm}^3$$

d) Módulo de resiliência é dado por: $u_R = \frac{1}{2}\sigma_{Esc} \cdot \varepsilon_{Esc} =$

$$= \frac{1}{2} 240 \cdot 0,3556 \cdot 10^{-2} = 0,43 \text{ MPa}$$

A tenacidade do material é determinado pela área total entre o eixo das deformações e o gráfico de tensão-deformação:

$$u_T = \frac{1}{2}\sigma_{Esc} \cdot \varepsilon_{Esc} + (\varepsilon_{Ult} - \varepsilon_{Esc}) \cdot \left(\frac{\sigma_{Ult} + \sigma_{Esc}}{2}\right) = 0,43 + \left(\frac{0,5956 - 0,3556}{100}\right) \cdot \left(\frac{270 + 240}{2}\right)$$

$$u_T = 0,43 + 0,612 = 1,04 \text{ MPa}$$

1.7.9. Para o mesmo material do exemplo anterior, admita que a tensão de escoamento seja de 240 MPa e que uma barra cilíndrica de diâmetro de 140 mm e comprimento de 300 cm esteja sob tração de 4.100 kN e, em seguida, seja removida essa força, determine seu comprimento longitudinal permanente.

Resolução

Obter a tensão atuante: $\sigma_{atuante} = \dfrac{N}{\dfrac{\pi}{4}d^2} = \dfrac{4 \cdot 100}{\dfrac{\pi}{4}0,14^2} = 266,3$ MPa (trecho inelástico)

Tensão, deformação, equilíbrio e solicitações axial e de corte 53

A deformação é obtida no trecho inelástico como:

$$\varepsilon = \varepsilon_{esc} + \frac{\sigma_{atuante} - \sigma_{esc}}{E_2} \rightarrow \varepsilon = 3{,}556 \cdot 10^{-3} + \frac{266{,}3 - 240}{12.500} = 5{,}66 \cdot 10^{-3}$$

O módulo de elasticidade longitudinal no trecho linear é: $E = 67{,}500$ MPa

$$tg(\alpha) = E = \frac{\sigma}{\Delta\varepsilon} \rightarrow \Delta\varepsilon = \frac{\sigma_{atuante}}{E} = \frac{266{,}3}{67.500} = 3{,}946 \cdot 10^{-3}$$

Assim:

$$\varepsilon_{permanente} = \varepsilon - \Delta\varepsilon = 5{,}66 \cdot 10^{-3} - 3{,}946 \cdot 10^{-3} = 1{,}71 \cdot 10^{-3}$$

$$L_{permanente} = L \cdot (1 + \varepsilon_{permanente}) = (1 + 1{,}71 \cdot 10^{-3}) \cdot 300 = 300{,}5 \text{ cm}$$

1.7.10. O neoprene é um elastômero sintético muito flexível usado como juntas de elementos estruturais. Para o neoprene de dureza 70 e fator de forma 0,8, a curva do diagrama tensão × deformação — em temperatura ambiente — foi obtida experimentalmente por uma equação de ajuste por mínimos quadrados, dada por:

$$\sigma(\varepsilon) = \frac{1}{145{,}04} \cdot \left(0{,}567 + 15{,}662 \cdot \varepsilon + 0{,}013 \cdot \varepsilon^2 + 0{,}00332 \cdot \varepsilon^3 + 8{,}5 \cdot 10^{-5} \cdot \varepsilon^4 + 1{,}0 \cdot 10^{-6} \cdot \varepsilon^5\right)$$

Ou: $\varepsilon(\sigma) = \left(0{,}437 + 8{,}143 \cdot \sigma + 0{,}749 \cdot \sigma^2 - 0{,}509 \cdot \sigma^3 + 0{,}0733 \cdot \sigma^4 - 3{,}463 \cdot 10^{-3} \cdot \sigma^5\right)$

Em que a tensão é dada em MPa e a deformação, em porcentagem. Para o limite máximo de 15% de deformação onde é válido o regime elástico, obtenha seu módulo de Young (ou elasticidade longitudinal) para: $\varepsilon = 5\%$ e $\varepsilon = 15\%$. Para uma barra prismática quadrada de lado de 12 cm e comprimento de 1,2 m, obtenha o comprimento final da barra para as ações de forças centradas de tração com: (a) 15 kN e (b) 30 kN.

Obs.: Ressalta-se que esse exemplo é apenas ilustrativo, pois 15% de deformação é muito alto para os limites de validade da teoria desenvolvida no capítulo. Cabe ressaltar que este é um problema conceitual. Para níveis de deformações acima de 1% deve-se considerar equações constitutivas adequadas para materiais com grandes deformações.

Resolução

O módulo de Young pode ser obtido por:

$$E(\varepsilon) = \frac{\partial\sigma}{\partial\varepsilon} = \frac{1}{145{,}04} \cdot \left(15{,}662 + 0{,}026 \cdot \varepsilon + 9{,}96 \cdot 10^{-3}\varepsilon^2 + 34 \cdot 10^{-5} \cdot \varepsilon^3 + 5 \cdot 10^{-6} \cdot \varepsilon^4\right)$$

$$E(5) = \frac{1}{145{,}04} \cdot \left(15{,}662 + 0{,}026 \cdot 5 + 9{,}96 \cdot 10^{-3}(5)^2 + 34 \cdot 10^{-5} \cdot (5)^3 + 5 \cdot 10^{-6} \cdot (5)^4\right)$$

$E(5) = 0{,}11$ MPa

$$E(15) = \frac{1}{145{,}04} \cdot \left(15{,}662 + 0{,}026 \cdot 15 + 9{,}96 \cdot 10^{-3}(15)^2 + 34 \cdot 10^{-5} \cdot (15)^3 + 5 \cdot 10^{-6} \cdot (15)^4\right)$$

$E(15) = 0{,}14$ MPa

Obter as tensões atuantes:

a) $\sigma = \dfrac{15}{0{,}12^2} = 1{,}042$ MPa, na equação de deformação:

$\varepsilon(\sigma) = 9{,}24\%$, $L_f = L \cdot (1+\varepsilon) = 1{,}2 \cdot (1 + 9{,}24 \cdot 10^{-2}) = 1{,}31\,\text{m}$,

b) $\sigma = \dfrac{30}{0{,}12^2} = 2{,}083$ MPa, na equação de deformação: $\varepsilon(\sigma) = 17{,}3\%$ e

$L_f = L \cdot (1+\varepsilon) = 1{,}2 \cdot (1 + 17{,}3 \cdot 10^{-2}) = 1{,}41\,\text{m}$

1.7.11. Para o exercício anterior, sabendo-se que o intervalo das deformações do neoprene no diagrama de tensão × deformação é de $0 \le \varepsilon \le 30\%$, e que a deformação de 15% é o ponto de escoamento, determine o módulo de resiliência e tenacidade do material.

Resolução
Módulo de resiliência é dado por: $u_R = \dfrac{1}{100} \displaystyle\int_0^{15\%} \sigma(\varepsilon)\, d\varepsilon$

$$100 \cdot u_R = \int_0^{15\%} \dfrac{1}{145{,}04} \cdot \left(0{,}567 + 15{,}662 \cdot \varepsilon + 0{,}013 \cdot \varepsilon^2 + 0{,}00332 \cdot \varepsilon^3 + 8{,}5 \cdot 10^{-5} \cdot \varepsilon^4 + 1{,}0 \cdot 10^{-6} \cdot \varepsilon^5\right) d\varepsilon$$

$$100 \cdot u_R = \dfrac{1}{145{,}04} \cdot \left(0{,}567 \cdot \varepsilon + \dfrac{15{,}662 \cdot \varepsilon^2}{2} + \dfrac{0{,}013 \cdot \varepsilon^3}{3} + \dfrac{0{,}00332 \cdot \varepsilon^4}{4} + \dfrac{8{,}5 \cdot 10^{-5} \cdot \varepsilon^5}{5} + \dfrac{1{,}0 \cdot 10^{-6} \cdot \varepsilon^6}{6}\right)_0^{15\%}$$

$u_R = 12{,}7 / 100 = 0{,}127$ MPa

A tenacidade do material é determinado pela área total entre o eixo das deformações e o gráfico de tensão-deformaçao, assim:

$$100 \cdot u_T = \dfrac{1}{145{,}04} \cdot \left(0{,}567 \cdot \varepsilon + \dfrac{15{,}662 \cdot \varepsilon^2}{2} + \dfrac{0{,}013 \cdot \varepsilon^3}{3} + \dfrac{0{,}00332 \cdot \varepsilon^4}{4} + \dfrac{8{,}5 \cdot 10^{-5} \cdot \varepsilon^5}{5} + \dfrac{1{,}0 \cdot 10^{-6} \cdot \varepsilon^6}{6}\right)_0^{30\%}$$

$u_T = 57{,}8/100 = 0{,}58$ MPa

1.7.12. Uma corrente e uma peça dentada de peso total de 120 kN está içada num ponto B da estrutura treliçada, conforme Figura 1.53A. As barras AB e BC são de uma liga de alumínio e tem E = 85 GPa e área de 50 cm². Obtenha o deslocamento vertical do ponto B. Considere H = 4,8 m, L = 14 m e que o material esteja trabalhando no regime elástico.

Tensão, deformação, equilíbrio e solicitações axial e de corte 55

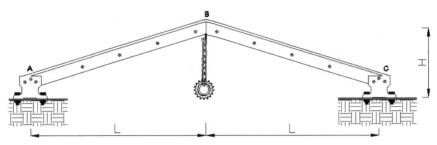

FIGURA 1.53A Treliça biapoiada com peso da peça dentada.

Resolução

O equilíbrio do nó B, por simetria, é dado por:

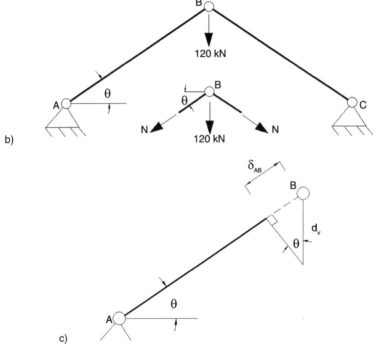

b)

c)

FIGURA 1.53B e C (b) Esquema estático da treliça e indicação do equilíbrio do nó B; (c) indicação geométrica do gráfico de Williot.

$$\sum F_y = 0 \rightarrow 120 = 2 \cdot N \cdot \text{sen}\theta \rightarrow N = 185 \text{ kN}$$

Os encurtamentos das barras AB e BC são calculados por:

$$\delta_{AB} = \delta_{BC} = \left[\frac{185 \cdot 14{,}8}{85 \cdot 10^6 \cdot 50 \cdot 10^{-4}}\right] = 6{,}44 \cdot 10^{-3} \text{m} = 6{,}44 \text{ mm}$$

O Gráfico de Williot está indicado na Figura 1.53C.

Da geometria: $\text{sen}\theta = \delta_{AB}/d_v \rightarrow d_v = \delta_{AB}/\text{sen}\theta = 6{,}44/0{,}324 = 19{,}9$ mm

1.7.13. Para o exemplo anterior, teve-se que modificar o projeto, trocando-se as barras AB e BC por outras com 90% da sua área, e por um outro material de uma liga de aço com E = 210 GPa. Determine a diferença percentual entre os deslocamentos verticais do ponto B entre os dois projetos.

Resolução

Os encurtamentos das barras AB e BC são calculados por:

$$\delta_{AB} = \delta_{BC} = \left[\frac{185 \cdot 14{,}8}{210 \cdot 10^6 \cdot 0{,}9 \cdot 50 \cdot 10^{-4}}\right] = 2{,}90 \cdot 10^{-3} \text{m} = 2{,}90 \text{ mm}$$

Do uso da Figura 1.53C, da geometria:

$$\text{sen}\theta = {\delta_{AB}}/{d_v} \rightarrow d_v = {\delta_{AB}}/{\text{sen}\theta} = {2{,}90}/{0{,}324} = 8{,}93 \text{ mm}$$

$\frac{8{,}93}{19{,}9} = 0{,}45 = 45\%$, redução do deslocamento vertical de 45%.

1.7.14. O parafuso de diâmetro de 4 mm é de aço, o qual tem seu diagrama tensão x deformação indicado na Figura 1.54. Ele é apertado por uma chave de boca que exerce uma força de 2 kN, comprimindo as duas camadas rígidas. Determine a folga que surge entre a porca e a parede. Adote H1 = H2 = 30 mm, e sabendo que o ponto A é o limite elástico, onde sua tensão e deformação valem 220 MPa e 3%, e o ponto B, inelástico, tem valores, respectivamente, de 400 MPa e 10%. Assuma comportamento elastoplástico igual à tração e à compressão.

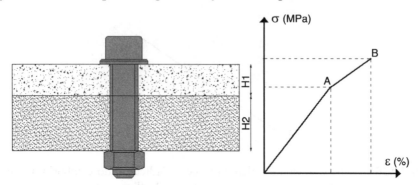

FIGURA 1.54 **Parafuso de comportamento elastoplástico submetido à compressão.**

Resolução

$$\sigma_{atuante} = \frac{N}{\frac{\pi}{4}d^2} = \frac{2}{\frac{\pi}{4}0{,}004^2} = 159{,}1 \text{ MPa (trecho elástico)}$$

$$E = \frac{\sigma_{esc}}{\varepsilon_{esc}} = \frac{220}{3/100} = 7.333{,}3 \text{ MPa}; \varepsilon = \frac{\sigma_{atuante}}{E} = \frac{159{,}1}{7.333{,}33} = 0{,}0217$$

A folga é o alongamento do parafuso: $\delta = \varepsilon \cdot L = 0{,}0217 \cdot 60 = 1{,}3$ mm

1.7.15. Para o exercício anterior, considere que o parafuso seja agora apertado com uma força de 5 kN e depois seja desparafusado completamente. Determine (a) deformação permanente após a retirada da porca; (b) caso seja reapertada pela força de 2 kN, determine sua nova deformação.

Resolução

$$\sigma_{atuante} = \frac{5}{\frac{\pi}{4}d^2} = \frac{5}{\frac{\pi}{4}0,004^2} = 397,9 \text{ MPa (trecho inelástico)}$$

Módulo de elasticidade no trecho inelástico: $E_2 = \dfrac{400 - 220}{0,1 - 0,03} = 2.571,4$ MPa

a) A deformação total é obtida no trecho inelástico como:

$$\varepsilon = \varepsilon_{esc} + \frac{\sigma_{atuante} - \sigma_{esc}}{E_2} \rightarrow \varepsilon = 0,03 + \frac{397,9 - 220}{2.571,4} = 0,0992$$

$$\Delta\varepsilon = \frac{\sigma_{atuante}}{E} = \frac{397,9}{7.333,33} = 0,0543$$

Assim: $\varepsilon_{permanente} = \varepsilon - \Delta\varepsilon = 0,0992 - 0,0543 = 0,045 = 4,5\%$

b) $\sigma_{atuante} = \dfrac{N}{\frac{\pi}{4}d^2} = \dfrac{2}{\frac{\pi}{4}0,004^2} = 159,1$ MPa

$$\varepsilon = \varepsilon_{permanente} + \frac{\sigma_{atuante}}{E} \rightarrow \varepsilon = 0,045 + \frac{159,1}{7.333,33} = 0,067 = 6,7\%$$

1.7.16. Para a esfera de borracha submersa na água, determine a profundidade de modo que sua contração volumétrica seja de 10%. Adote para a esfera E = 2 MPa e ν = 0,47.

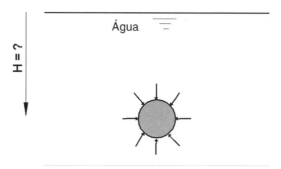

FIGURA 1.55 Esfera de borracha submetida à compressão hidrostática.

Resolução

A dilatação cúbica específica para apenas a atuação de pressão hidrostática uniforme é dada por:

$$\Delta = \frac{-3(1-2\nu)}{E} p \to 0{,}1 = \frac{-3 \cdot (1 - 2.0{,}47)}{2 \cdot 10^3} p \to p = 1.111{,}1 \text{ kPa}$$

$$10 \cdot H = p \to H = 111{,}1 \text{ m}$$

Equilíbrio e esforços solicitantes

1.7.17. Determinar os diagramas de esforços de toda a viga da Figura 1.56A. Dados q = 28 kN/m e P = 5 kN atuando no centroide da seção.

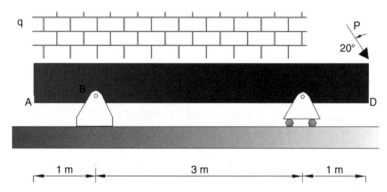

FIGURA 1.56A Viga submetida a uma força distribuída aplicada no trecho A-C e uma força concentrada inclinada aplicada no ponto D.

Resolução

Calcular reações:

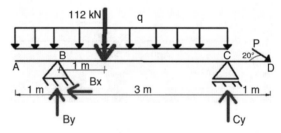

FIGURA 1.56B Indicação das reações e forças resultantes na viga.

$$\sum F_X = 0 : \to B_x - 5 \cdot \cos 20° = 0 \to B_x = 4{,}7 \text{ kN } (\leftarrow)$$

$$\sum M_B = 0 : \to 3 \cdot C_y = 112 \cdot 1 + 1{,}71 \cdot 4 \to C_y = 39{,}6 \text{ kN } (\uparrow)$$

$$\sum F_y = 0 : \to B_y = 112 + 1{,}71 \quad 39{,}6 = 74{,}1 \text{ kN } (\uparrow)$$

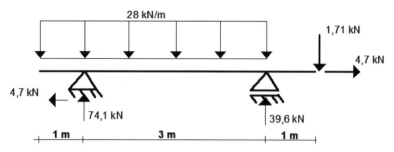

FIGURA 1.56C Indicação dos valores das ações e reações da viga.

Três trechos para realizar os cortes:

Trecho 1: 0 < x < 1

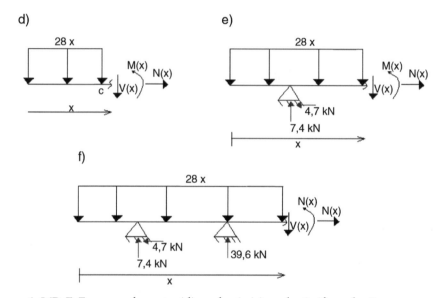

FIGURA 1.56D-F Esquema do corte: (d) trecho 1; (e) trecho 2; (f) trecho 3.

$\sum F_x = 0 : \rightarrow N(x) = 0 \rightarrow N(x) = 0$

$\sum F_y = 0 : \rightarrow V(x) + 28x = 0 \rightarrow V(x) = -28 \cdot x$

$\sum M_S = 0 : \rightarrow M(x) + 28x \cdot \frac{x}{2} = 0 \rightarrow M(x) = -14 \cdot x^2$

Valores nos extremos do intervalo: $N(0) = N(1) = 0$; $V(0) = 0$; $V(1) = -28$

$M(0) = 0$; $M(1) = -14$

Não tem derivada nula nesse intervalo para construir M(x)

Trecho 2: 1 < x < 4

$\sum F_x = 0: \rightarrow N(x) - 4,7 = 0 \rightarrow N(x) = 4,7$

$\sum F_y = 0: \rightarrow V(x) + 28 \cdot x - 74,1 = 0 \rightarrow V(x) = -28 \cdot x + 74,1$

$\sum M_S = 0: \rightarrow M(x) + 28 \cdot x \cdot \frac{x}{2} - 74,1 \cdot (x-1) = 0 \rightarrow M(x) = -14 \cdot x^2 + 74,1 \cdot x - 74,1$

Valores nos extremos do intervalo: $N(1) = N(4) = 4,7$; $V(1) = 46,1$; $V(4) = -37,9$
$M(1) = -14$; $M(4) = -1,7$

Obter ponto de extremo de M, fazendo: $V(x) = -28x + 74,1 = 0 \rightarrow x = 2,65$ m

$M(x = 2,65) = -14 \cdot (2,65^2) + 74,1 \cdot (2,65) - 74,1 = 23,9$

Trecho 3: $4 < x < 5$

$\sum F_x = 0: \rightarrow N(x) - 4,7 = 0 \rightarrow N(x) = 4,7$

$\sum F_y = 0: \rightarrow V(x) + 112 - 74,1 - 39,6 = 0 \rightarrow V(x) = 1,71$

$\sum M_S = 0: \rightarrow M(x) + 112 \cdot (x-2) - 74,1 \cdot (x-1) - 39,6 \cdot (x-4) = 0 \rightarrow$
$M(x) = 1,71x - 8,55$

Valores nos extremos do intervalo: $N(4) = N(5) = 4,7$; $V(4) = V(5) = 1,71$
$M(4) = -1,71$; $M(5) = 0$

Diagramas:

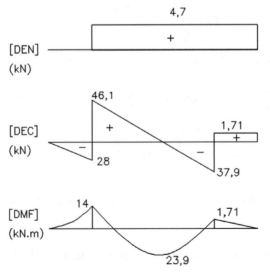

FIGURA 1.56G Esquema dos DEN, DEC e DMF da viga.

1.7.18. Determinar os esforços solicitantes (M, V e N) na viga AC, sob a ação do binário indicado, onde a barra rígida BD tem dimensão de 85 cm.

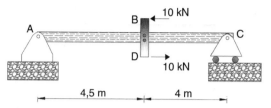

FIGURA 1.57A **Viga submetida ao momento concentrado formado pelo binário.**

Resolução

$\sum F_X = 0: \to A_x = 0; \sum M_C = 0: \to 8,5 \cdot A_y = 10 \cdot 0,85 \to A_y = 1$ kN (↑)

$\sum F_y = 0: \to C_y = -1$ kN (↓)

Dois trechos para realizar os cortes:

Trecho 1: $0 < x < 4,5$

$\sum F_y = 0: \to V(x) = 1 \to V(x) = 1; \sum M_S = 0: \to M(x) = x$

Valores nos extremos do intervalo:

Trecho 2: $4,5 < x < 8,5$

$\sum F_y = 0: \to V(x) = 1 \to V(x) = 1; \sum M_S = 0: \to M(x) = x - 8,5$

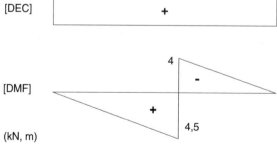

FIGURA 1.57B **Esquema dos DEC e DMF da viga com momento concentrado.**

1.7.19. Determinar os diagramas de esforços solicitantes de toda a estrutura plana da Figura 1.58.

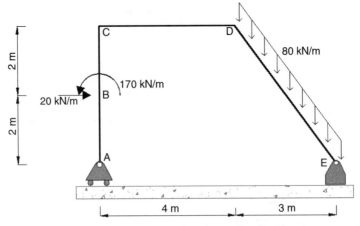

FIGURA 1.58A Estrutura aporticada submetida à força distribuída e às ações concentradas.

Resolução
Usando as três equações de equilíbrio para determinar as reações:

$$\sum F_X = 0: \rightarrow 20 - E_x = 0 \rightarrow E_x = 20 \text{ kN } (\leftarrow)$$

$$\sum M_A = 0: \rightarrow 7 \cdot E_y + 170 = 80 \cdot 5 \cdot 5{,}5 + 20 \cdot 2 \rightarrow E_y = 295{,}71 \text{ kN } (\uparrow)$$

$$\sum F_y = 0: \rightarrow A_y + E_y = 80 \cdot 5 \rightarrow A_y = 104{,}29 \text{ kN } (\uparrow)$$

Decompor a carga distribuída paralelo (x') e perpendicular (y') ao seu eixo. A sua resultante é de $80 \cdot 5 = 400$ kN, que a decompondo fica: $F_{x'} = 320$ kN, $F_{y'} = 240$ kN, e pode-se obter a força distribuída como: $q_{x'} = 320/5 = 64$ kN/m, $q_{y'} = 240/5 = 48$ kN/m.

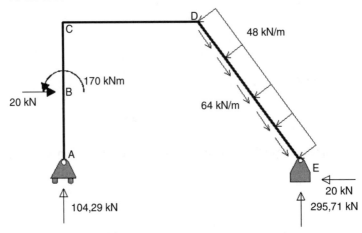

FIGURA 1.58B Esquema da distribuição de cargas e reações no pórtico.

Para os trechos: AB, BC, CD e DE, fazer cortes no início e fim, de modo a aplicar as três equações de equilíbrio, no sentido da convenção positiva, veja trecho AB:

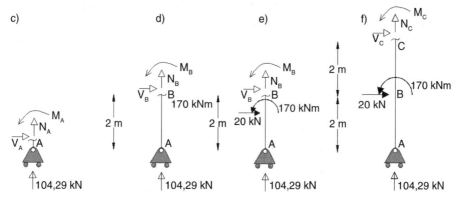

FIGURA 1.58C-F Esquema do corte: (c) início do trecho AB; (d) fim do trecho AB; (e) início do trecho BC; (f) fim do trecho BC.

Conforme Figura 1.58C: $N_A = -104,29$ kN; $V_A = 0$; $M_A = 0$
Conforme Figura 1.58D: $N_B = -104,29$ kN; $V_B = 0$; $M_B = 0$

Trecho BC:
Conforme Figura 1.58E: $N_B = -104,29$ kN; $V_B = -20$ kN; $M_B = -170$ kNm
Conforme Figura 1.58F: $N_C = -104,29$ kN; $V_C = -20$ kN; $M_C = -210$ kNm

Os diagramas ficam:

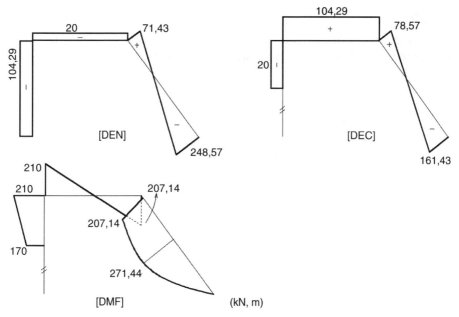

FIGURA 1.58G Esquema dos DEN, DEC e DMF do pórtico.

1.7.20. A Figura 1.59 representa uma estrutura rotulada em D e apoios fixos em C e E. Sob os carregamentos indicados, carga distribuída constante no trecho BD, força concentrada em A (10 kN) e momento concentrado (M = 24 kN.m) em E, obtenha: a) Reações de apoio; b) Diagramas dos esforços solicitantes para o trecho ABCD; c) As expressões dos esforços solicitantes, em função de θ, do trecho circular DE.

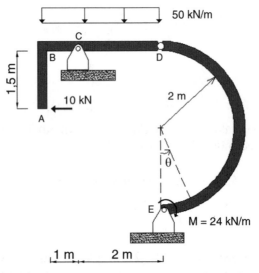

FIGURA 1.59A Pórtico triarticulado com trecho circular submetido à força distribuída e às ações concentradas.

Resolução

Usando as três equações de equilíbrio mais a equação complementar de que momento na seção em D (rótula) é nulo, determinam-se as reações:

$$\sum M_D = 0 : \to 4 \cdot E_x = 24 \to E_x = 6 \text{ kN } (\to)$$

$$\sum F_X = 0 : \to E_x + C_x = 10 \to C_x = 4 \text{ kN } (\to)$$

$$\sum M_E = 0 : \to 2 \cdot C_y + 4 \cdot C_x + 24 = 50 \cdot 3 \cdot 1,5 + 10 \cdot 2,5 \to C_y = 105 \text{ kN } (\uparrow)$$

$$\sum F_y = 0 : \to C_y + E_y = 50 \cdot 3 \to E_y = 45 \text{ kN } (\uparrow)$$

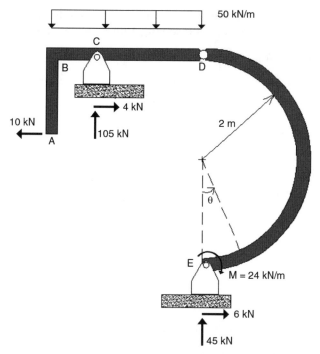

Figura 1.59B Indicação das reações do pórtico triarticulado.

Para os trechos: AB, BC e CD, fazer cortes no início e fim, de modo a aplicar as três equações de equilíbrio, no sentido da convenção positiva, resultando nos diagramas a seguir:

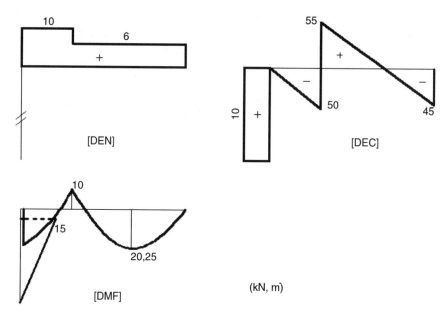

Figura 1.59C DEN, DEC e DMF dos trechos retos do pórtico triarticulado.

Para o trecho CD são obtidas as equações em termos do ângulo θ, conforme a Figura 1.59D: $N(\theta) = -[6 \cdot \cos(\theta) + 45 \cdot \text{sen}(\theta)]$; $V(\theta) = -6 \cdot \text{sen}(\theta) + 45 \cdot \cos(\theta)$

$M(\theta) = 12 + 90 \cdot \text{sen}(\theta) + 12 \cdot \cos(\theta)$

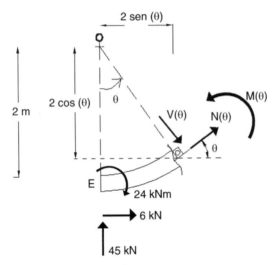

FIGURA 1.59D Indicação do corte no trecho curvo.

1.7.21. O pórtico plano ABCD serve como contenção de terra. O solo exerce uma carga no muro CD conforme indicado no desenho e seu valor máximo é dado pela relação $q_e = \gamma_{solo} \cdot H \cdot b \cdot k_0$, com γ_{solo} sendo seu peso específico, k_0 é o coeficiente de empuxo do solo, H a altura do muro e b sua largura. Sobre a viga BC age uma carga constantemente distribuída devido a uma ação permanente de 40 kN/m. Determinar os diagramas de esforço normal, cortante e momento fletor apenas no trecho BC. Considere: $\gamma_{solo} = 22$ kN/m³, H = 6 m, b = 1 m, $k_0 = 0{,}33$.

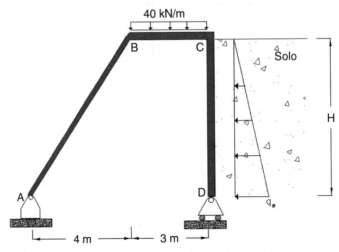

FIGURA 1.60A Pórtico biapoiado submetido às forças distribuídas constante e linear.

Resolução

A carga distribuída é dada por: $q_e = 22 \cdot 6 \cdot 1 \cdot 0 \cdot 33 = 43{,}56$ kN/m, a qual possui resultante de $F_e = 130{,}68$ kN, aplicada a 2 m acima do ponto D. Usando as três equações de equilíbrio, determinam-se as reações:

$$\sum M_A = 0: \rightarrow 7 \cdot D_y + 2 \cdot 130{,}68 = 40 \cdot 3 \cdot 5{,}5 \rightarrow D_y = 56{,}95 \text{ kN } (\uparrow)$$

$$\sum F_y = 0: \rightarrow A_y + D_y = 40 \cdot 3 \rightarrow A_y = 63{,}05 \text{ kN } (\uparrow)$$

$$\sum F_X = 0: \rightarrow A_x = 130{,}68 \text{ kN } (\rightarrow)$$

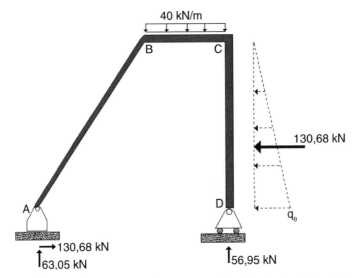

FIGURA 1.60B **Indicação das ações resultantes e reações do pórtico biapoiado.**

Para os trechos AB e BC, fazer cortes no início e fim, de modo a aplicar as três equações de equilíbrio, no sentido da convenção positiva, resultando nos diagramas a seguir.

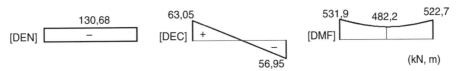

FIGURA 1.60C **DEN, DEC e DMF do trecho BC.**

1.7.22. Obtenha os esforços cortantes e o momento fletor da viga de fundação ABCD que recebe os pilares nos pontos B e C. Considere que sua reação do solo seja distribuída constantemente. Adote: H = 1 m, a = 2 m, L = 9 m, F = 21 kN e P = 99 kN.

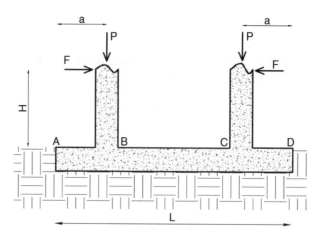

FIGURA 1.61A Viga de fundação submetida às forças concentradas.

Resolução

Dois trechos para realizar os cortes:

Trecho 1: $0 < x < 2$

$\sum F_y = 0: \rightarrow V(x) = 22x; \sum M_s = 0: \rightarrow M(x) = 11x^2;$ Trecho 2 : $2 < x < 4,5$

$\sum F_y = 0: \rightarrow V(x) = 22x - 99; \sum M_s = 0: \rightarrow M(x) = 11x^2 - 99x + 219$

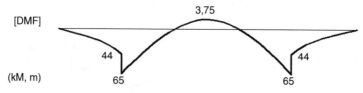

FIGURA 1.61B DEN, DEC e DMF do trecho ABCD.

Solicitação axial

1.7.23. Uma viga rígida AB está apoiada nos dois postes curtos mostrados na Figura 1.62A. AC é feito de aço e tem diâmetro de 20 mm, e BD é feito de alumínio e tem diâmetro de 40 mm. Determine o deslocamento vertical do ponto F da viga rígida, localizado a 200 mm de A, para a carga distribuída atuante. Obtenha também o coeficiente de segurança da estrutura. Dados: q = 225 kN/m; $E_{aço}$ = 200 GPa; $E_{alumínio}$ = 70 GPa; $(\sigma_{adm})_{Aço}$ = 250 MPa; $(\sigma_{adm})_{Alumínio}$ = 414 MPa.

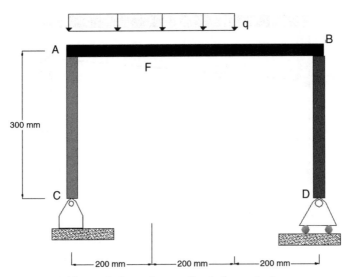

FIGURA 1.62A Barra rígida apoiada em barras flexíveis verticais.

Resolução

$\sum M_C = 0: \rightarrow 0,6 \cdot D_y = (225 \cdot 0,4) \cdot 0,2 \rightarrow D_y = 30$ kN (↑); $\sum F_y = 0: \rightarrow C_y = 60$ kN (↑)

Dessa forma: $N_{AC} = -60$ kN (C); $N_{BD} = -30$ kN (C)

$$\delta_i = \frac{N_i \cdot L_i}{E_i \cdot A_i} \rightarrow \delta_{AC} = \left[\frac{-60 \cdot 0,3}{200 \cdot 10^6 \cdot (\pi \cdot 0,02^2/4)} \right] = -2,86 \cdot 10^{-4} \text{ m}$$

$$\delta_{BD} = \left[\frac{-30 \cdot 0,3}{70 \cdot 10^6 \cdot \pi \cdot (0,04^2/4)} \right] = -1,02 \cdot 10^{-4} \text{ m}$$

Conforme semelhança de triângulo da Figura 1.62B:

$$\frac{\delta_{AC} - \delta_{BD}}{0,6} = \frac{x}{0,4} \rightarrow x = -1,23 \cdot 10^{-4} \text{ m}$$

$$\delta_F = \delta_{BD} + x = -1,02 \cdot 10^{-4} - 1,23 \cdot 10^{-4} = -2,25 \cdot 10^{-4} \text{ m} = -0,225 \text{ mm}$$

$$\sigma_{AC} = \frac{-60}{\pi \cdot 0,02^2/4} = -191 \text{ MPa} \rightarrow s_{AC} = \frac{250}{191} = 1,3$$

$$\sigma_{BD} = \frac{-30}{\pi \cdot (0,04^2/4)} = -23,9 \text{ MPa} \rightarrow s_{BD} = \frac{414}{23,9} = 17,3; \ s = \min(s_i) = 1,3$$

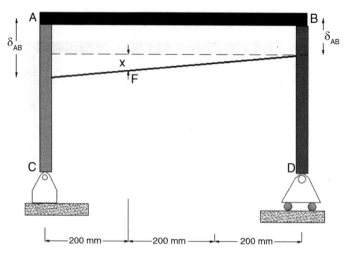

FIGURA 1.62B Indicação dos deslocamentos das barras rígidas e flexíveis.

1.7.24. Um muro de contenção rígido de terra (AC) está apoiado em C e fixo ao tirante flexível BD em B e D. Esse tirante possui comprimento de 4 metros e módulo de elasticidade longitudinal igual a 200 GPa. O solo exerce uma carga no muro triangular e seu valor máximo é dado pela relação $q_e = \gamma_{solo} L2 \cdot b \cdot k_0$, sendo γ_{solo} é o peso específico do solo, L2 a altura do muro, b sua largura e k_0 o coeficiente de empuxo ativo. Determinar o mínimo valor do diâmetro do tirante, em mm, de modo que a inclinação máxima do muro seja de 1º (um grau). Para o problema, considere: $\gamma_{solo} = 22$ kN/m³, L2 = 10 m, b = 1 m, $k_0 = 0,5$ e L1 = 1 m.

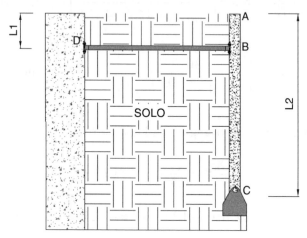

FIGURA 1.63A Muro de contenção rígido atirantado.

Resolução

$q = 22 \cdot 10 \cdot 1 \cdot 0,5 = 110$ kN/m → $F = q \cdot 10/2 = 550$ kN;

$\sum M_C = 0 : \rightarrow F \cdot 10/3 = N_{TIR} \cdot 9 \rightarrow N_{TIR} = 203,70$ kN

$$\delta_{TIR} = \left[\frac{203{,}07 \cdot 4{,}0}{200 \cdot 10^6 \cdot A}\right] = \frac{4{,}0741 \cdot 10^{-6}}{A} \text{ m}$$

$$\frac{\delta_{TIR}}{L2 - L1} \leq 1° = \frac{\pi}{180} \rightarrow \frac{4{,}0741 \cdot 10^{-6}}{9 \cdot A} \leq \frac{\pi}{180}$$

$$\rightarrow A \geq 25{,}95 \cdot 10^{-6} \text{ m}^2 \rightarrow d_{min} = 5{,}75 \text{ mm}$$

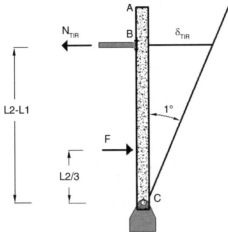

FIGURA 1.63B Indicação das ações, do esforço normal e do deslocamento do muro e do tirante.

1.7.25. As barras cilíndricas CE e DF têm, respectivamente, diâmetros de 10 mm e 15 mm e são de alumínio. Elas estão ligadas à barra rígida ABCD. Determine o máximo valor admissível do peso (P) da peça dentada para que as tensões desenvolvidas nessas barras não sejam superiores à tensão admissível do alumínio e nem que o deslocamento vertical do ponto A exceda 1,25 mm. Com esse valor obtido máximo de P, calcule o fator de segurança da estrutura, definido como a relação entre tensão resistente do material e tensão admissível. Dados: E_{al} = 70 GPa; $\overline{\sigma}_{al}$ = 200 MPa.

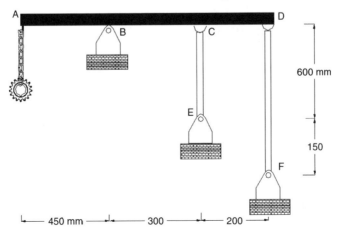

FIGURA 1.64A Barra rígida sujeita ao peso da peça dentada e ligada as barras de alumínio.

Resolução

Conforme semelhança de triângulo da Figura 1.64b:

$$\frac{v_A}{0,45} = \frac{v_C}{0,3} = \frac{v_D - v_C}{0,2} \rightarrow 1,67 \cdot v_C = v_D \quad (1)$$

Com v_A, v_C e v_E sendo os deslocamentos dos pontos A, C e D, respectivamente. A equação de equilíbrio, conforme Figura 1.64c, fica:

$$\sum M_B = 0 : \rightarrow 0,45 \cdot P = 0,3 \cdot F_{CE} + 0,5 \cdot F_{DF} \quad (2)$$

As variações v_C e v_D são relacionadas com os esforços normais por:

$$1,67 \cdot \frac{F_{CE} \cdot 0,6}{E \cdot \pi \cdot 0,01^2 / 4} = \frac{F_{DF} \cdot 0,75}{E \cdot \pi \cdot 0,015^2 / 4} \rightarrow F_{CE} = F_{DF}/3 \quad (3)$$

Resolvendo simultaneamente Eq. (2) e Eq. (3), obtêm-se os esforços das barras CE e DF:

$$F_{CE} = 0,25 \cdot P; \quad F_{DF} = 0,75 \cdot P$$

Verificando deslocamento máximo em A:

$$v_A = \frac{0,45}{0,3} v_C = \frac{0,15 \cdot 0,25 \cdot P \cdot 0,6}{70 \cdot 10^6 \cdot (\pi \cdot 0,01^2 / 4)} \leq 1,25 \cdot 10^{-3} \rightarrow P \leq 30,54 \text{ kN}$$

Verificando tensões admissíveis:

$$\sigma_{CE} = \frac{0,25 \cdot P}{\pi \cdot 0,01^2 / 4} \leq 200 \cdot 10^3 \rightarrow P \leq 62,8 \text{ kN};$$

$$\sigma_{DF} = \frac{0,75 \cdot P}{\pi \cdot 0,015^2 / 4} \leq 200 \cdot 10^3 \rightarrow P \leq 47,1 \text{ kN}$$

Portanto: $P_{máx} = 30,5$ kN

Obtendo o fator de segurança da estrutura:

$$\sigma_{CE} = \frac{30,5 \cdot 0,25}{\pi \cdot 0,01^2 / 4} = 97,1 \text{ MPa} \rightarrow s_{CE} = \frac{200}{97,1} = 2,1$$

$$\sigma_{DF} = \frac{30,5 \cdot 0,75}{\pi \cdot 0,015^2 / 4} = 129,4 \text{ MPa} \rightarrow s_{DF} = \frac{200}{129,4} = 1,5; \; s = \min(s_i) = 1,5$$

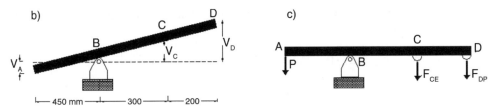

FIGURA 1.64B e C (b) Indicação dos deslocamentos das barras rígida e flexíveis; (c) indicação da ação e dos esforços normais nas barras.

1.7.26. As duas barras retangulares de seção (8 cm × 10 cm) da Figura 1.65 estão afastadas de uma folga de f = 10 mm. Nessas condições, estão com tensão inicial nula, mas sofrem uma variação de temperatura de 120 °C. Dessa forma, determine a tensão térmica. Qual seria a máxima variação de temperatura que elas poderiam estar sujeitas para que sua tensão permaneça nula? Adote: L1 = 5 m, L2 = 4 m, E = 210 GPa e $\alpha = 2 \cdot 10^{-5}$ °C^{-1}.

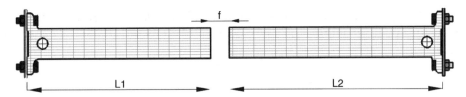

FIGURA 1.65 Barras espaçadas submetidas à dilatação térmica.

Resolução

O alongamento das barras devido ao aumento da temperatura é dado por:

$$\delta_{L1}^T = \alpha \Delta T L1 = 2 \cdot 10^{-5} \cdot 120 \cdot 5 = 0,012 \text{ m}; \quad \delta_{L2}^T = \alpha \Delta T L2 = 2 \cdot 10^{-5} \cdot 120 \cdot 4 = 0,0096 \text{ m}$$

De modo que a soma desses alongamentos resulta em: $\delta_{TOTAL}^T = \delta_{L1}^T + \delta_{L2}^T = 0,0216$ m
Como $\delta_{TOTAL}^T > f = 0,01$, indica que as duas barras entram em contato, levando a uma reação de compressão (R) de valor:

$$\delta_{L1}^R = \frac{RL1}{EA} = \frac{R \cdot 5}{210 \cdot 10^6 \cdot 0,08 \cdot 0,1} = 2,9762 \cdot 10^{-6} \cdot R$$

$$\delta_{L2}^R = \frac{RL2}{EA} = \frac{R \cdot 4}{210 \cdot 10^6 \cdot 0,08 \cdot 0,1} = 2,3809 \cdot 10^{-6} \cdot R$$

$$\delta_{TOTAL}^R = \delta_{L1}^R + \delta_{L2}^R = 5,3571 \cdot 10^{-6} \cdot R$$

Assim, a equação de compatibilidade é expressa por:

$$\delta_{TOTAL}^T - \delta_{TOTAL}^R = f \rightarrow 0,0216 - 5,3571 \cdot 10^{-6} \cdot R = 0,01 \rightarrow R = 2.165,30 \text{ kN}$$

A tensão térmica em cada barra fica: $\sigma = \dfrac{R}{A} = \dfrac{2.165,3}{0,08 \cdot 0,1} = 270,7$ MPa

Para que a tensão permaneça nula, a máxima variação térmica deve ser a folga, sem reação, assim:

$$\delta^R_{TOTAL} = \delta^R_{L1} + \delta^R_{L2} = 2 \cdot 10^{-5} \cdot \Delta T \cdot 5 + 2 \cdot 10^{-5} \cdot \Delta T \cdot 4 = 1{,}8 \cdot 10^{-4} \cdot \Delta T$$

$$\delta^R_{TOTAL} = f \rightarrow 1{,}8 \cdot 10^{-4} \cdot \Delta T = 0{,}01 \rightarrow \Delta T = 55{,}6°$$

Cisalhamento puro

1.7.27. Em uma estrutura treliçada, uma das ligações a ser projetada é indicada na Figura 1.66. As barras B1, B2 e B3, estão sujeitas, respectivamente, a esforços de 22,5 kN (tração), 31 kN (compressão) e 38,3 kN (tração) e devem ser rebitadas na chapa por parafusos de alta resistência de diâmetros de 16 mm. Determine a quantidade de parafusos em cada barra, sabendo-se que a tensão de cisalhamento de escoamento é de 140 MPa por parafuso, considerando-se um Fator de Segurança igual a 3,0 para o projeto.

Obs.: O Fator de Segurança é calculado com base na relação entre uma tensão resistente (que pode ser a última ou a de escoamento) e a tensão admissível de serviço.

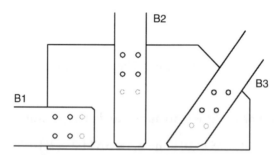

FIGURA 1.66 Barras de treliça conectadas por ligações parafusadas em chapa.

Resolução

A tensão admissível é a tensão de escoamento dividida pelo fator de segurança:

$$\tau_{adm} = \frac{\tau_{esc}}{3{,}0} = 46{,}7 \text{ MPa}$$

A tensão cisalhante máxima atuante em cada parafuso pode ser obtida por:

$$\tau_{adm} \geq \tau_{atuante} = \frac{V_{máx}}{A} \rightarrow V_{máx} \leq 46{,}7 \cdot 10^3 \cdot \left(\pi \cdot 0{,}016^2 / 4 \right) \rightarrow V_{máx} \leq 9{,}4 \text{ kN}$$

Assim, para cada barra, a quantidade mínima inteira (n) de parafuso fica dada por:

$$n = \frac{N}{V_{máx}}$$

$$B1: n = \frac{22{,}5}{9{,}4} = 3; \quad B2: n = \frac{31}{9{,}4} = 4; \quad B3: n = \frac{38{,}3}{9{,}4} = 4$$

1.7.28. No sistema de gancho/parede indicado na Figura 1.67, sabe-se que no cabo inclinado a $\phi = 30°$ com a horizontal atua uma força P. Determine o máximo valor de P, sabendo-se que o parafuso tem diâmetro de 4 mm e sua tensão de escoamento ao cisalhamento e normal de tração do gancho são, respectivamente, 120 MPa e de 225 MPa. Considere um Fator de Segurança igual a 1,8.

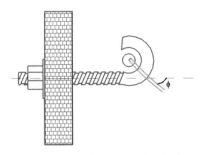

FIGURA 1.67 Gancho parafusado conectado a um cabo inclinado.

Resolução
As tensões admissíveis de cisalhamento e normal a tração são:

$$\tau_{adm} = \frac{\tau_{esc}}{1,8} = 66,7 \text{ MPa}; \sigma_{adm} = \frac{\sigma_{esc}}{1,8} = 125 \text{ MPa}$$

A verificação do esforço cortante no gancho é dada por:

$$\tau_{adm} \geq \tau_{atuante} = \frac{V}{A} \rightarrow \frac{P sen(30°)}{\pi \cdot 0,004^2 / 4} \leq 66,7 \cdot 10^3 \rightarrow P \leq 1,7 \text{ kN}$$

A verificação do esforço normal no gancho é dado por:

$$\sigma_{adm} \geq \sigma_{atuante} = \frac{N}{A} \rightarrow \frac{P cos(30°)}{\pi \cdot 0,004^2 / 4} \leq 125 \cdot 10^3 \rightarrow P \leq 1,8 \text{ kN}$$

Portanto: $P_{máx} = 1,7$ kN

1.7.29. Na ligação com dois parafusos, indicada na Figura 1.68, a força F é de 19 kN. Obter o diâmetro mínimo dos parafusos dessa ligação, se a tensão de escoamento de cisalhamento do parafuso é de 150 MPa. Considere um Fator de Segurança igual a 2,5.

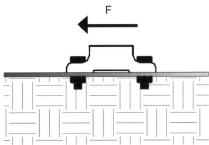

FIGURA 1.68 Chapa conectada por parafusos submetida ao cisalhamento.

Resolução

A tensão admissível de cisalhamento é: $\tau_{adm} = \dfrac{\tau_{esc}}{2,5} = 60$ MPa

Em cada parafuso atua um esforço cortante de 9,5 kN, assim:

$$\tau_{adm} \geq \tau_{atuante} = \dfrac{V}{A} \rightarrow \dfrac{9,5}{\pi \cdot d^2 / 4} \leq 60 \cdot 10^3 \rightarrow d \geq 0,014 \text{ m}$$

Portanto: $d_{min} = 14,2$ mm

1.7.30. Na ligação com dois parafusos, indicada na Figura 1.69, a força atuante F é de 30 kN. O diâmetro dos parafusos é de 16 mm e a espessura (t) da viga é de 6 mm. Sabe-se que a tensão de escoamento ao cisalhamento do parafuso e de esmagamento da viga são, respectivamente, de 220 MPa e 310 MPa. Obtenha o Fator de Segurança da ligação.

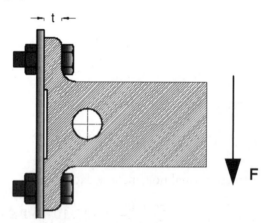

FIGURA 1.69 Chapa conectada por parafusos submetida ao cisalhamento.

Resolução

Em cada parafuso atua um esforço cortante de 15 kN, assim a tensão atuante de cisalhamento é: $\tau_{atuante} = \dfrac{V}{A} = \dfrac{15}{\pi \cdot 0,016^2 / 4} = 74,6$ MPa. O fator de segurança ao cisalhamento fica: $s_{cis} = \dfrac{\tau_{esc}}{\tau_{atuante}} = 2,95$.

A tensão de esmagamento é a área de projeção do parafuso, ou seja:

$\sigma_{esm} = \dfrac{V}{A_{proj}} = \dfrac{V}{t \cdot d} = \dfrac{15}{0,006 \cdot 0,016} = 156,25$ MPa. O fator de segurança ao esmagamento fica: $s_{esm} = \dfrac{\sigma_{esc}}{\sigma_{esm}} = 1,98$

Portanto: $s_{ligação} = 1,98$

1.7.31. Na ligação com quatro parafusos, indicada na Figura 1.70, a força atuante F é de 165,75 kN. O diâmetro dos parafusos é de 22 mm. Sabe-se que as tensões de escoamento ao cisalhamento do parafuso, esmagamento da viga e esmagamento da chapa são, respectivamente, de 180 MPa, 300 MPa e 200 MPa. Obtenha o Fator de Segurança da ligação.

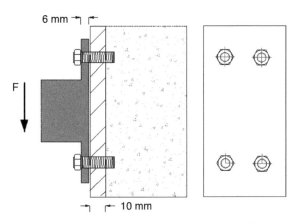

FIGURA 1.70 **Chapa conectada por parafusos submetida ao cisalhamento.**

Resolução

Em cada parafuso atua um esforço cortante de 41,44 kN, assim a tensão atuante de cisalhamento é $\tau_{atuante} = \dfrac{V}{A} = \dfrac{41,44}{\pi \cdot 0,022^2 / 4} = 109$ MPa. O fator de segurança ao cisalhamento fica: $s_{cis} = \dfrac{\tau_{esc}}{\tau_{atuante}} = \dfrac{180}{109} = 1,65$

A tensão de esmagamento na viga é a área de projeção em cada parafuso:

$\sigma_{esm} = \dfrac{V}{A_{proj}} = \dfrac{V}{t \cdot d} = \dfrac{41,44}{0,006 \cdot 0,022} = 313,92$ MPa. O fator de segurança ao esmagamento fica: $s_{esm} = \dfrac{300}{313,94} = 0,96$

A tensão de esmagamento na chapa é a área de projeção em cada parafuso:

$\sigma_{esm} = \dfrac{V}{A_{proj}} = \dfrac{V}{t \cdot d} = \dfrac{41,44}{0,01 \cdot 0,022} = 188,35$ MPa. O fator de segurança ao esmagamento fica: $s_{esm} = \dfrac{200}{188,36} = 1,06$

Portanto: $s_{ligacao} = 0,96$

Capítulo 2
Torção

Este capítulo trata do estudo do problema da torção em elementos estruturais. Inicialmente é deduzida a fórmula da torção para o caso de eixos com seção transversal circular, que são os mais eficientes para resistir ao torque puro. Na sequência do capítulo apresentam-se as fórmulas relacionadas com a torção em seções transversais de paredes finas fechadas. São ainda descritos os procedimentos de cálculo para o caso de torção de barras constituídas por outros tipos de seções transversais maciças.

2.1 TORÇÃO EM BARRAS DE SEÇÃO CIRCULAR

As barras com seções circulares são importantes no estudo da torção por dois aspectos. O primeiro aspecto está relacionado com a eficiência desse tipo de seção quando submetida à torção pura[1], pois apresenta menores níveis de tensões e deformações. O segundo aspecto é devido ao fato de problemas mais complexos, como torção de seções maciças quaisquer, fornecerem fórmulas para distribuição de tensões de cisalhamento máximas similares à fórmula da torção obtida para o caso da torção de seções circulares. A torção provoca tensões de cisalhamento nas seções transversais, sendo estas atuantes no próprio plano da seção.

Para o cálculo de tensões de cisalhamento em uma barra com comportamento elástico-linear submetida à torção pura, considera-se a hipótese de distribuição proporcional de tensões ao longo da direção radial da seção transversal, conforme apresentado na Figura 2.1.

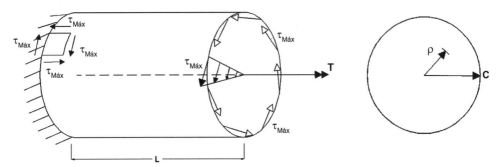

Figura 2.1 Distribuição proporcional de tensões de cisalhamento em uma barra com seção transversal circular.

---

[1] Barra submetida apenas à solicitação de torques.

Devido à hipótese de cálculo, qualquer direção radial da seção apresentará a mesma distribuição de tensões. Assim, as tensões de cisalhamento são máximas nos limites da seção transversal e são nulas sobre o eixo da barra.[2] Considerando-se uma distância radial do centro da barra (ρ) e o raio da seção circular (c), é possível estabelecer a relação de proporcionalidade entre a tensão de cisalhamento no ponto interno considerado (τ) e a tensão de cisalhamento máxima no limite da seção ($\tau_{máx}$).

$$\boxed{\tau = \frac{\rho}{c} \cdot \tau_{máx}} \tag{2.1}$$

2.1.1 Tensões em um elemento na superfície da barra

As componentes de tensão de cisalhamento na superfície da barra são iguais em módulo às tensões máximas na seção devido ao equilíbrio estático. Considerando-se um elemento na extremidade engastada da barra circular, conforme Figura 2.2, é possível encontrar uma distorção angular (γ) que é máxima nessa posição. À medida que o ponto analisado se aproxima do eixo da barra, a distorção angular vai diminuindo.

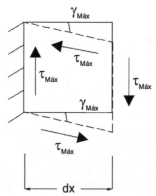

FIGURA 2.2 **Elemento de superfície na barra próximo ao engaste.**

A aplicação da Lei de Hooke para o cisalhamento ($\tau = G \cdot \gamma$) pode ser usada na obtenção de uma relação entre tensão de cisalhamento e torque (T), considerando-se um ponto genérico na seção, conforme apresentado na Figura 2.3. É importante observar que o conceito de tensão, em sua forma mais geral, é definido por ponto material do sólido analisado.

Seção transversal

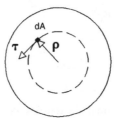

FIGURA 2.3 **Relação entre torque e tensão de cisalhamento em um elemento de área dA na seção transversal circular.**

---

[2] E também nos limites da seção transversal circular.

Torque aplicado em um elemento dA

$$dT = \rho(\tau\, dA)$$

$$dT = \rho\left(\frac{\rho}{c}\cdot \tau_{máx}\right)dA$$

$$\boxed{dT = \frac{\rho^2}{c}\cdot \tau_{máx}\, dA}$$

Assim, o torque total aplicado na seção pode ser expresso pela integração da componente dT (ver Fig. 2.3) em toda a área considerada, ou seja:

$$T = \int_A dT = \int_A \frac{\tau_{máx}}{c}\cdot \rho^2\, dA$$

$$T = \frac{\tau_{máx}}{c}\int_A \rho^2\, dA$$

$$T = \frac{\tau_{máx}}{c}\cdot I_p$$

$$\Rightarrow \boxed{\tau_{máx} = \frac{Tc}{I_p}} \tag{2.2}$$

A Equação (2.2) é válida apenas para pontos na superfície da barra, onde a tensão de cisalhamento provocada pela torção é máxima. Para pontos internos na seção transversal, obtém-se a chamada fórmula da torção expressa pela Equação (2.3).

$$\frac{c}{\rho}\cdot \tau = \frac{Tc}{I_p}$$

$$\boxed{\tau = \frac{T\rho}{I_p}} \tag{2.3}$$

A Fórmula da Torção relaciona o torque aplicado em uma barra circular às tensões de cisalhamento produzidas por meio da propriedade geométrica da seção momento polar de inércia (I_p). A fórmula da torção também informa qual é a hipótese considerada para distribuição de tensões de cisalhamento na seção transversal circular, ou seja, tensões proporcionalmente distribuídas radialmente na seção. É importante observar que a distribuição de tensões não depende do tipo de material considerado. Esse tipo de equação é usado no dimensionamento no chamado critério das tensões admissíveis. No entanto, com o passar do tempo tornou-se necessário a verificação de estados limites que consideram além da resistência dos materiais, ainda as deformações e deslocamentos produzidos em um projeto. Dessa maneira, no caso da torção de barras circulares, tornam-se importantes a distorção na superfície da barra ($\gamma_{MÁX}$) e o ângulo de torção gerado na seção transversal (ϕ).

2.1.2 Ângulo de torção (ϕ)

A Figura 2.4 apresenta a cinemática de um elemento infinitesimal longitudinal (dx) submetido à torção.

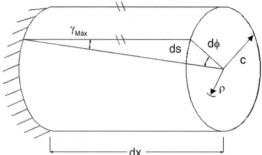

FIGURA 2.4 Relação entre distorção na superfície da barra ($\gamma_{MÁX}$) e ângulo de torção na seção transversal (dϕ) para um elemento longitudinal dx.

Para pequenas distorções

$$\gamma_{máx} \cong \frac{ds}{dx} = c\frac{d\phi}{dx}$$

γ é máximo na superfície e para qualquer valor de ρ tem-se:

$$\boxed{\gamma = \rho \frac{d\phi}{d_x}}$$

A aplicação da Lei de Hooke para o cisalhamento e a relação diferencial para pequenas distorções, considerada na Figura 2.4, fornecem uma relação diferencial entre o ângulo de torção e o torque aplicado para o material considerado.

$$\tau = G\gamma$$

$$\frac{T\rho}{I_p} = G \cdot \rho \cdot \frac{d\phi}{dx}$$

$$\boxed{\Rightarrow d\phi = \frac{T}{GI_p}dx} \tag{2.4}$$

O produto entre o módulo de elasticidade transversal e o momento polar de inércia (G · I_p) é chamado módulo de rigidez à torção. Vale lembrar que ao se falar de módulo de elasticidade transversal, admite-se a hipótese de material isotrópico[3].

Para barras de seção prismática circular, tem-se:

$$\phi = \frac{TL}{GI_p} \tag{2.5}$$

Para barras de seção circular não prismática deve-se considerar a integração da relação diferencial apresentada na Equação (2.4), admitindo-se que o torque e o momento polar de inércia possam variar ao longo do eixo da barra (ver Fig. 2.5).

---

[3] Que apresenta o mesmo comportamento mecânico em todas as direções.

$$\phi = \int_L d\phi = \int_L \frac{T(x)}{GI_p(x)} dx \tag{2.6}$$

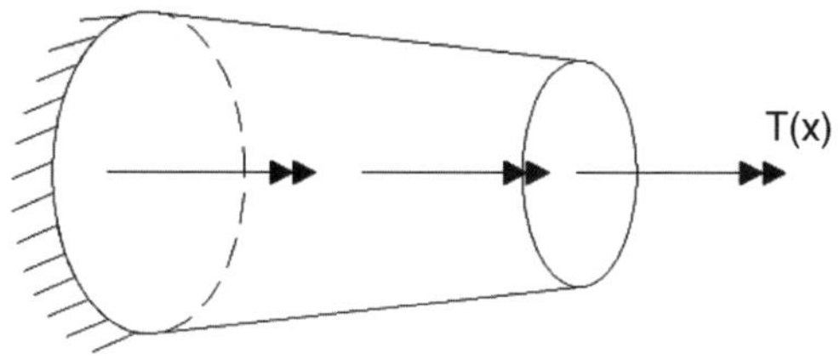

FIGURA 2.5 Barra circular não prismática submetida ao torque distribuído.

Para barras com "n" trechos de integração diferentes, deve-se considerar a contribuição de cada trecho nos cálculos, ou seja:

$$\phi = \sum_{i=1}^{n} \phi_i \tag{2.7}$$

É necessário traçar o diagrama de momentos torçores da barra e calcular $\emptyset_i$ para cada trecho, considerando-se os respectivos momentos polares de inércia nos cálculos e módulos de elasticidade transversais (para o caso de trechos constituídos por materiais diferentes).

O momento de inércia polar para seções circulares fechadas vazadas é dado por:

$I_p = \frac{\pi(d_e^4 - d_i^4)}{32}$ ou $I_p = \frac{\pi(r_e^4 - r_i^4)}{2}$ com de e di sendo, respectivamente, o diâmetro externo e interno, ou re e ri em termos de raios externos e internos.

O sentido positivo do ângulo de torção (ϕ) é o anti-horário ou trigonométrico. De modo que na Eq. (2.7) se deve atribuir o sinal adequado de cada trecho. Isso pode ser feito a partir da convenção de valor positivo do momento torçor nesse sentido em cada trecho do diagrama de esforços.

EXERCÍCIO RESOLVIDO 2.1

Um eixo circular tubular engastado é submetido a um torque aplicado em sua extremidade livre. Sabendo-se que o módulo de elasticidade transversal do material do eixo vale 70 GPa, pede-se calcular:

a) O torque que provoca um ângulo de torção máximo de 1º no eixo.
b) O ângulo de torção máximo provocado em um eixo circular maciço, com mesmo comprimento, mesma área de seção transversal e torque encontrado no item anterior.
c) Os valores das tensões de cisalhamento máximas no tubo e no eixo.

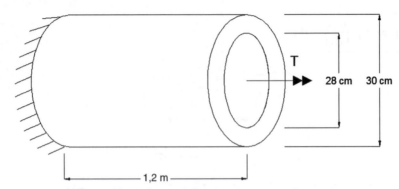

FIGURA 2.6 Eixo circular tubular submetido à torção.

Resolução

Inicialmente é necessário limitar o ângulo de torção máximo para o caso de torção em barras prismáticas, com base na Equação (2.5).

$$\phi_{máx} = 1° = 0{,}01745 \text{ rad}$$

$$\boxed{\phi = \frac{TL}{G I_p}}$$

$$\phi_{máx} = 0{,}01745 = \frac{T \cdot 1{,}2}{70 \cdot 10^9 \cdot \frac{\pi}{2}(0{,}15^4 - 0{,}14^4)}$$

$$\Rightarrow \boxed{T = 195{,}3 \text{ KN} \cdot \text{m}}$$

O segundo item do problema pede que o torque obtido para o tubo (T = 195,3 kNm) seja aplicado em um eixo cilíndrico maciço com mesma área de seção transversal e mesmo comprimento de eixo (mesmo volume).

$$A_{tubo} = A_{cilindro}$$

$$\pi(0{,}15^2 - 0{,}14^2) = \pi R^2$$

$$R = 0{,}05385 \text{ m}$$

$$\phi_{cilindro} = \frac{TL}{G I_p} = \frac{195{,}3 \cdot 10^3 \cdot 1{,}2}{70 \cdot 10^9 \cdot \frac{\pi}{2} \cdot 0{,}05385^4} = \boxed{0{,}2535 \text{ rad}} \cong 14{,}5° \text{ (grande distorção)} > 5°$$

Observa-se que o ângulo obtido para o eixo cilíndrico está acima do valor permitido pela teoria, que é de 5°.

O item final do problema pede que sejam calculadas as máximas tensões de cisalhamento causadas pela torção no tubo e no eixo cilíndrico maciço, com base na Equação (2.2).

$$\boxed{\tau = \frac{T \cdot \rho}{I_p}}$$

$$\tau_{\text{máx}_{tubo}} = \frac{195{,}3 \cdot 10^3 \cdot 0{,}15}{\frac{\pi}{2}(0{,}15^4 - 0{,}14^4)} = 152{,}8 \text{ MPa} \quad \text{Alto!}$$

$$\tau_{\text{máx}_{cilindro}} = \frac{195{,}3 \cdot 10^3 \cdot 0{,}05385}{\frac{\pi}{2} \cdot 0{,}05385^4} = 796{,}2 \text{ MPa} \quad \text{Altíssimo!}$$

A conclusão do exercício proposto é que o tubo é mais eficiente para resistir à torção do que o eixo cilíndrico maciço, pois tanto o ângulo de torção máximo quanto a tensão de cisalhamento máxima são menores no tubo do que no eixo maciço. Observa-se que os valores do ângulo de torção e da tensão de cisalhamento máxima do eixo maciço são muito elevados, inclusive fora dos limites de validade da teoria de pequenas deformações utilizada nos cálculos.

2.2 TORÇÃO EM SEÇÕES FECHADAS DE PAREDES FINAS

A solução aproximada para o problema da torção em seções fechadas de paredes finas é baseada na integração ao longo do perímetro da linha média (s), considerando-se as possíveis variações de espessura na seção (t). As equações obtidas com esse procedimento são chamadas fórmulas de Bredt e consideram a hipótese de paredes finas, na qual a espessura média das paredes deve apresentar valores menores que 10% do perímetro da linha média da seção. Eventualmente, pode-se adotar um critério mais restritivo para a consideração da validade da hipótese de paredes finas, tomando-se uma dimensão crítica da seção (como diâmetro de uma seção circular tubular) ao invés do perímetro.

A Figura 2.7 apresenta a geometria de um tubo de paredes finas engastado em uma extremidade e com um torque constante (T) aplicado em sua outra extremidade livre. Ou seja, o problema considerado é de torção livre.

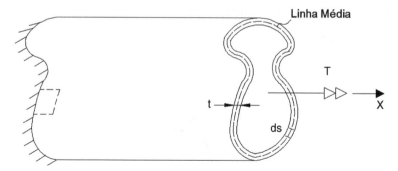

FIGURA 2.7 Representação de um tubo com seção prismática de paredes finas submetido a um torque T.

Considera-se, inicialmente, o equilíbrio de um elemento na superfície do tubo, representado próximo ao engaste na Figura 2.7. O equilíbrio de forças, geradas pelas componentes de tensão, é apresentado na Figura 2.8. Observa-se que o produto tensão de cisalhamento por espessura da face considerada é uma constante. A essa constante dá-se o nome de fluxo de cisalhamento (q), cuja unidade é de força por espessura cisalhada [F/L], exemplo: [N/m].

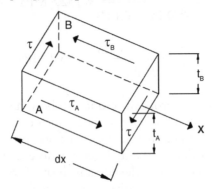

FIGURA 2.8 Equilíbrio de um elemento de superfície no tubo.

$$\sum F_x = 0$$
$$\tau_A \cdot dx \cdot t_A - \tau_B \cdot dx \cdot t_B = 0$$
$$\tau_A \cdot t_A = \tau_B \cdot t_B = \text{constante}$$

Definição de fluxo de cisalhamento:

$$q = \tau_{\text{linha média}} \cdot t = \text{constante} \tag{2.8}$$

2.2.1 Primeira fórmula de Bredt

Para a definição das fórmulas de Bredt é importante considerar a geometria relacionada com a seção transversal do tubo. Considera-se, inicialmente, um ponto interno "O" qualquer na seção transversal, conforme Figura 2.9. Um elemento de comprimento na linha média do tubo (ds) e o ponto interno "O" definem um triângulo infinitesimal com área dA_t. A área do triângulo infinitesimal se relaciona com o comprimento ds por meio da Equação (2.9).

$$dA_t = \frac{ds \cdot h}{2} \Rightarrow \boxed{ds = \frac{2dA_t}{h}} \tag{2.9}$$

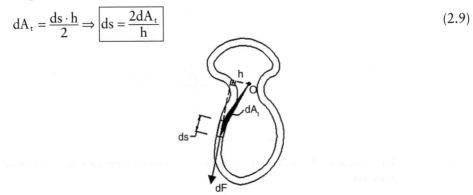

FIGURA 2.9 Área interna definida por um elemento de comprimento na linha média do tubo (ds) e pelo ponto interno "O".

A força de cisalhamento atuando em um elemento com comprimento ds é definida por:

$$dF = \tau_{\text{linha média}} \cdot (tds) = qds = q \cdot \frac{2dA_t}{h} \qquad (2.10)$$

Assim, o torque total atuante na seção (T) pode ser calculado por meio da integração de todo o perímetro da seção do tubo, resultando em uma integral cíclica[4], ou seja:

$$T = \oint_{L_{\text{linha média}}} dF \cdot h = \oint_{L_{\text{linha média}}} \frac{q \cdot 2dA}{h} \cdot h$$

$$T = \oint_{L_{\text{linha média}}} 2qdA_t = 2q \oint_{L_{\text{linha média}}} dA_t$$

$$\Rightarrow \boxed{T = 2qA_m} \qquad (2.11)$$

Em que A_m é a área envolvida pela linha média da seção transversal do tubo.

A maneira como o resultado da integração cíclica fornece a área interna da seção em relação à linha média da espessura pode ser visualizada na Figura 2.10.

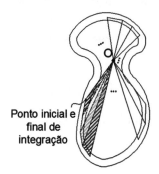

FIGURA 2.10 **Integração ao longo de toda linha média do tubo (ds) em relação ao ponto interno "O".**

A combinação das Eqs. (2.8) e (2.11) fornece a chamada primeira fórmula de Bredt, que relaciona tensão de cisalhamento na linha média do tubo com torque atuante (Equação 2.12).

$$q = \tau_{\text{linha média}} \cdot t \Rightarrow \frac{T}{2 \cdot A_m} = \tau_{\text{linha média}} \cdot t$$

$$\boxed{\Rightarrow \tau_{\text{linha média}} = \frac{T}{2 \cdot t \cdot A_m}} \qquad (2.12)$$

A primeira fórmula de Bredt, dada pela Equação 2.12, é equivalente à fórmula da torção para seção circular obtida na Equação (2.3). Todavia, no caso de paredes finas, a tensão se altera no tubo conforme a variação da espessura.

---

[4] A integral cíclica apresenta limites inicial e final iguais, mas seu resultado não é nulo.

2.2.2 Segunda fórmula de Bredt

A fórmula para o cálculo do ângulo de torção em tubos com seções de paredes finas é chamada segunda fórmula de Bredt. A Figura 2.11 apresenta a tensão atuante em um elemento infinitesimal ds na linha média.

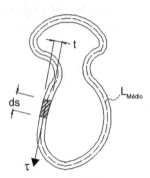

FIGURA 2.11 Elemento de integração ds localizado na linha média do tubo.

Considerando-se um sistema conservativo de energia, pode-se obter uma equação de balanço de trabalho externo realizado pelo torque aplicado e de trabalho interno realizado pelas tensões reativas. Considera-se o regime elástico-linear.

$$U_{ext} = U_{int}$$

$$\frac{1}{2}T\phi = \frac{1}{2}\int_V \tau\gamma dV$$

Considerando-se a Lei de Hooke para tensões de cisalhamento, tem-se:

$$T\phi = \int_V \tau\left(\frac{\tau}{G}\right)dV \qquad (2.13)$$

Substituindo-se a Equação (2.12) na Equação (2.13), obtém-se:

$$T\phi = \frac{1}{G}\int_V \left(\frac{T}{2tA_m}\right)^2 dV$$

Divide-se a integral no volume (V) em uma integral dupla, no comprimento da barra (L) e no perímetro delimitado pela linha média da seção, conforme a seguir:

$$T\phi = \frac{T^2}{4G}\int_L \oint_{linha\ média} \frac{tds}{t^2 A_m^2}dx$$

$$\Rightarrow \phi = \frac{T}{4G}\int_L \oint_{linha\ média} \frac{ds}{tA_m^2}dx \qquad (2.14)$$

A Equação (2.14) é a segunda fórmula de Bredt e equivalente à fórmula da torção para seção circular obtida na Equação (2.5). Para seções prismáticas, a integral dupla no comprimento do tubo e na seção pode ser expressa apenas em termos da seção.

$$\phi = \frac{TL}{4GA_m^2}\oint_{linha\ média}\frac{ds}{t} \qquad (2.15)$$

Para o caso de torque distribuído no comprimento, deve-se trabalhar com a representação diferencial do ângulo de torção e efetuar a integração para obtenção do ângulo total.

EXERCÍCIO RESOLVIDO 2.2

Uma barra tubular prismática de paredes finas, com dupla simetria, é submetida a um torque linearmente distribuído (zero na extremidade livre e "p" no engaste).

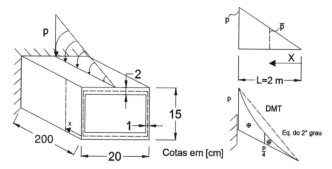

FIGURA 2.12 Barra de paredes finas fechada submetida ao torque linearmente distribuído.

Pede-se calcular:

a) O valor máximo de "p", sabendo-se que $\tau_{adm} = 150$ MPa.
b) Para o valor de "p" calculado no item anterior, o valor do ângulo de torção máximo da seção na extremidade livre da barra considerando-se $G = 80$ GPa.

Resolução

Deve-se começar a resolução com o cálculo da área delimitada pela linha média da seção.

$$A_m = 19 \cdot 13 = \boxed{247 \text{ cm}^2}$$

A aplicação da primeira fórmula de Bredt deve fornecer uma tensão máxima na seção menor que a tensão admissível do material. Deve-se considerar nos cálculos o maior torque aplicado na barra (no engaste) e a espessura onde ocorre a maior tensão (0,01 m).

$$\tau = \frac{T}{2tA_m} \leq \tau_{adm}$$

O torque máximo que ocorre no engaste é calculado pela área do torque linearmente distribuído.

$$T = 2 \cdot \frac{p}{2} = p$$

Assim:

$$\frac{p}{2 \cdot 0,01 \cdot 0,0247} \leq 150 \cdot 10^6$$

$$p \leq 74,1 \text{ kN} \cdot \text{m}/\text{m}$$

Para calcular o ângulo de torção máximo, é necessário obter a função torque T(x) ao longo do eixo da barra.

Sabe-se que há uma relação entre o valor máximo do torque distribuído (p) e o valor do torque em um ponto distante x da extremidade livre ($\bar{p}$).

$$\frac{\bar{p}}{x} = \frac{p}{2}$$

$$\Rightarrow \bar{p} = \frac{p \cdot x}{2}$$

Dessa forma, obtém-se a função torque em termos de x:

$$T(x) = \frac{\bar{p}}{2} \cdot x = \boxed{\frac{px^2}{4}}$$

O Diagrama de Momento Torçor (DMT) é apresentado na Figura 2.12. Como há variação do torque aplicado ao longo do eixo da barra, deve-se considerar a expressão diferencial do torque ao longo do comprimento — Equação (2.5).

$$\frac{d\phi}{dx} = \frac{T(x)}{4GA_m^2} \oint_{\text{linha média}} \frac{ds}{t}$$

$$\oint_{\text{linha média}} \frac{d_s}{t} = 2 \cdot \left[\frac{19}{2} + \frac{13}{1}\right] = 45$$

$$\frac{d\phi}{dx} = \frac{74100 \cdot \frac{x^2}{4}}{4 \cdot 80 \cdot 10^9 \cdot 0{,}0247^2} \cdot 45$$

O ângulo total de torção é calculado pela integração do diferencial ao longo de todo comprimento da barra.

$$\phi = \oint_L d_\phi = 0{,}00427 \int_0^{2m} x^2 d_x$$

$$\phi = 0{,}00427 \cdot \left.\frac{x^3}{3}\right|_0^2$$

$\phi = 0{,}01139$ rad (no sentido de aplicação do torque distribuído)

2.3 TORÇÃO EM BARRAS COM SEÇÕES MACIÇAS NÃO CIRCULARES

Para o problema de torção de barras com seções maciças não circulares, há distribuições complexas das tensões de cisalhamento. No caso de torção em barras com seções retangulares maciças, a distribuição das tensões de cisalhamento nas superfícies da seção ocorre de modo tangente ao contorno, conforme apresentado na Figura 2.13.

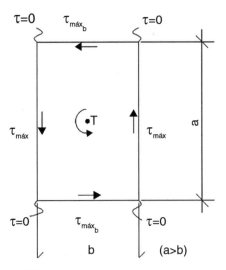

FIGURA 2.13 Tensões de cisalhamento máximas no contorno da seção retangular.

A maior tensão de cisalhamento em toda seção ($\tau_{máx}$) ocorre no ponto médio do lado maior, no contorno da seção, e é calculada da seguinte forma:

$$\boxed{\tau_{máx} = \frac{T}{\alpha a b^2}} \quad (2.16)$$

O ângulo de torção (ϕ) é definido por uma equação análoga à Equação (2.5) utilizada para o cálculo de seções circulares em barras prismáticas.

$$\phi = \frac{TL}{G \beta a b^3} \quad (2.17)$$

Em que: $I_p = \beta a b^3$.

É importante destacar que a Equação (2.17) é aplicável para o caso de barras de seção retangular prismáticas. Os parâmetros adimensionais α e β dependem da relação a/b.

Para o caso de elementos retangulares usados em seções abertas de paredes finas (b ≤ 10%a): $\boxed{\alpha = \beta = \frac{1}{3}}$

Outros tipos usuais de seções maciças de barras prismáticas trabalhando à torção são apresentados na Figura 2.14.

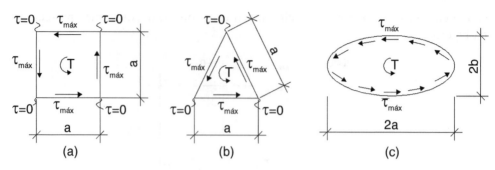

FIGURA 2.14 Outros tipos de seções maciças trabalhando à torção: (a) quadrada; (b) triângulo equilátero; (c) elíptica.

Para o caso particular de seções quadradas: $\begin{cases} \alpha \cong 0{,}208 \\ \beta \cong 0{,}141 \end{cases}$

Para o caso de seção do tipo triângulo equilátero: $\begin{cases} \alpha \cong 0{,}050 \\ \beta \cong 0{,}0217 \end{cases}$

Para o caso de seção elíptica: $\begin{cases} \alpha = \dfrac{\pi}{2} \\ \beta = \dfrac{\pi a^2}{a^2 + b^2} \end{cases}$

A torção em seções circulares é um caso particular da seção elíptica, no qual os eixos da elipse são iguais (a = b).

EXERCÍCIO RESOLVIDO 2.3

Uma barra prismática com área de seção transversal igual a 147 cm² é solicitada à torção pura. Pede-se calcular as tensões de cisalhamento máximas e os ângulos de torção para o caso de seção retangular maciça (10 × 1) · t, Figura 2.15, e para o caso retangular de paredes finas (2,5 × 2,5), Figura 2.16, com área de seção transversal equivalente.

Dados: G = 80 GPa

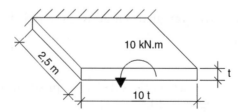

FIGURA 2.15 Seção retangular maciça submetida a um torque de 10 kN.m.

Resolução

Para o caso da seção retangular maciça, obtém-se o valor do parâmetro t que define os lados da seção.

$$A = 147 = 10 \cdot t \cdot t$$

$$\Rightarrow \boxed{t = 3{,}834 \text{ cm}}$$

A tensão de cisalhamento máxima é calculada pela Equação (2.17), considerando-se as constantes para esse tipo de seção ($\alpha = \beta = \frac{1}{3}$).

$$\tau_{máx} = \frac{T}{\alpha a b^2} = \frac{10.000}{\frac{1}{3} \cdot (10 \cdot 0{,}03834) \cdot 0{,}03834^2} = 53{,}2 \text{ MPa}$$

Da mesma maneira, o ângulo de torção é obtido pela aplicação da Equação (2.18).

$$\phi = \frac{TL}{G\beta a b^3} = \frac{10.000 \cdot 2{,}5}{80 \cdot 10^9 \cdot \frac{1}{3} \cdot (10 \cdot 0{,}03834) \cdot 0{,}03834^3} = \boxed{0{,}04338 \text{ rad}}$$

2.4 EXERCÍCIOS RESOLVIDOS
Torção em barras de seção circular

2.4.1. A barra reta AC da Figura 2.16 está na horizontal com seção transversal circular maciça de diâmetros "d" e "2d", respectivamente, nos trechos AB e BC. Nos pontos B e C estão ligadas perpendicularmente à barra AC barras rígidas, de comprimentos, respectivamente, de 20 cm e 30 cm. As forças (F) estão na vertical formando os binários. Determine o menor valor de "d", sabendo que F = 10 kN e τ_{adm} = 1 MPa.

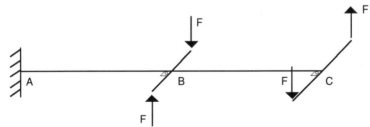

Figura 2.16 **Eixo fixo submetido aos binários.**

Resolução
a. Cálculo da reação.

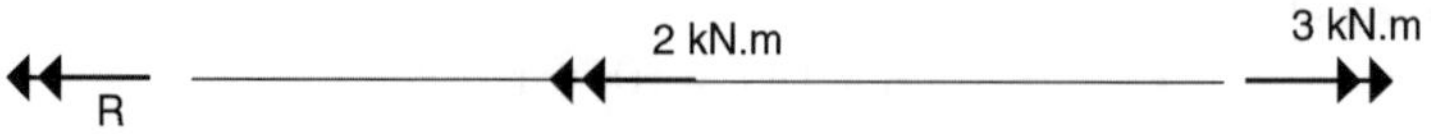

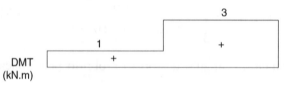

FIGURA 2.17A DCL do eixo fixo em A.

$$\sum M = 0 : \to R + 2 - 3 = 0 \to R = 1 \text{ kNm}$$

b. Diagrama de movimento torçor:

FIGURA 2.17B DMT do eixo fixo sujeito ao binário de forças.

c. Análise de tensão cisalhante.
   i. Trecho AB: Para o cálculo da tensão de cisalhamento, deve-se considerar momento torçor em módulo:

   $$\tau_{AB} = \frac{T_{AB} \cdot (r_{max})_{AB}}{I_{P_{AB}}} = \frac{1 \cdot \left(\frac{d}{2}\right)}{\frac{\pi (d)^4}{32}} \leq \bar{\tau} = 1000 \text{ kPa}$$

   $d \geq 0{,}17$ m

   ii. Trecho BC:

   $$\tau_{BC} = \frac{T_{BC} \cdot (r_{max})_{BC}}{I_{P_{BC}}} = \frac{3 \cdot \left(\frac{2d}{2}\right)}{\frac{\pi (2d)^4}{32}} \leq \bar{\tau} = 1000 \text{ kPa}$$

   $d \geq 0{,}12$ m

   $\therefore \quad d = 17$ cm

2.4.2. Para o exemplo 2.4.1 da Figura 2.16, considere G = 1000 kN/cm² e comprimentos AB = BC de 2,5 m. Obtenha o menor valor de "d" de modo a se ter, no máximo, uma rotação de 1º.

Resolução
Pelo diagrama de torção, basta limitar o ângulo de torção em C, assim:

$$\phi_C = \phi_A + \left(\frac{TL}{GI_p}\right)_{AB+BC} = 0 + \frac{1 \cdot 2{,}5}{1 \cdot 10^7 \frac{\pi \cdot d^4}{32}} + \frac{3 \cdot 2{,}5}{1 \cdot 10^7 \frac{\pi(2d)^4}{32}} \leq \frac{\pi}{180}$$

$d \leq 0{,}115$ m

Portanto, d = 11,5 cm

2.4.3. Para o eixo maciço da Figura 2.18A, fixo em E, com um mancal em A, livre de giro, e que esteja submetido aos momentos de torção indicados, obtenha:

a) O maior valor admissível de P.
b) Para o P obtido no item anterior, calcule o ângulo de torção em D.

Adote: $G = 800$ kN/cm²; tensão de cisalhamento admissível = 1 kN/cm²
$M = 2P$. Diâmetro do trecho AC = DE = 8 cm; Diâmetro do trecho CD = 12 cm.
L1 = 1000 mm, L2 = 1500 mm, L3 = 1400 mm e L4 = 1000 mm.

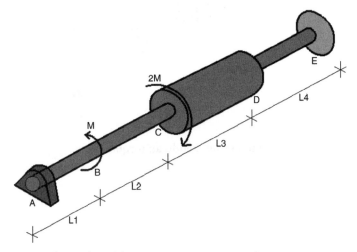

FIGURA 2.18A Eixo fixo submetido aos torques concentrados.

Resolução

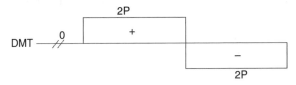

FIGURA 2.18B DMT do eixo sujeito aos torques concentrados.

Pelo DMT, indicado na Figura 2.18B, basta verificar as seções BC ou DE, assim:

a) $\tau = \dfrac{Tr}{I_p} = \dfrac{2P \cdot 4}{\dfrac{\pi \cdot 8^4}{32}} \leq \tau_{adm} = 1{,}0 \rightarrow P \leq 50{,}26$ kNcm

b) $\phi_D = \phi_E + \left(\dfrac{TL}{GI_p}\right)_{DE} = 0 + \dfrac{(-2 \cdot 50{,}26) \cdot 100}{800 \cdot \dfrac{\pi \cdot 8^4}{32}} = -0{,}03125$ rad $(-1{,}8°)$.

Destacando que o ângulo de torção é no sentido horário, tendo como referência a seção A.

2.4.4. Um eixo fixo em A e com um mancal de giro livre em D está submetido ao torque na engrenagem em C (Figura 2.19A). Obtenha as tensões e ângulos de torção nas seções junto de A e C. Considere: G = 90 GPa, T = 100 N·m, diâmetro do eixo AB = 32 mm, eixo BD = 16 mm, L1 = 150 mm, L2 = L3 = 100 mm.

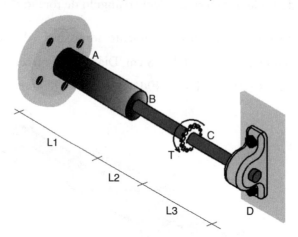

FIGURA 2.19A Eixo fixo no extremo submetido ao torque.

Resolução

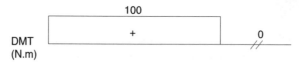

FIGURA 2.19B DMT do eixo fixo no extremo submetido ao torque.

Com auxílio do DMT (Figura 2.19B), a tensão e o ângulo de torção na seção junto a A são dadas por:

$$\tau_A = \frac{100 \cdot 0,016}{\frac{\pi \cdot 0,032^4}{32}} = 15,5 \cdot 10^6 = 15,5 \; MPa \qquad \varphi_A = 0$$

No ponto C, uma seção na iminência de C, vindo de B, a tensão e a rotação são:

$$\tau_C = \frac{100 \cdot 0,008}{\frac{\pi \cdot 0,016^4}{32}} = 124,3 \cdot 10^6 = 124,3 \; MPa$$

$$\phi_C = \phi_A + \left(\frac{TL}{GI_p}\right)_{AB \to BC} = 0 + \frac{100 \cdot 0,15}{90 \cdot 10^9 \cdot \frac{\pi \cdot 0,032^4}{32}} + \frac{100 \cdot 0,1}{90 \cdot 10^9 \cdot \frac{\pi \cdot 0,016^4}{32}} = 0,0189 \; rad \; (1,1°)$$

No ponto C, uma seção na iminência de C, indo em direção a D, a tensão e o ângulo de torção são:

$$\tau_C = 0 \qquad \phi_C = 0,0189 \; rad \; (1,1°)$$

2.4.5. Para o exercício 2.4.4, determine o diagrama do ângulo de torção de todo o eixo.

Resolução

O diagrama do ângulo de torção é linear, uma vez que DMT é constante. Assim, como os ângulo de torção em A e C já foram calculadas, basta obtê-las em B e D:

$$\phi_B = \phi_A + \left(\frac{TL}{GI_p}\right)_{AB} = 0 + \frac{100 \cdot 0{,}15}{90 \cdot 10^9 \cdot \dfrac{\pi \cdot 0{,}032^4}{32}} = 1{,}619 \cdot 10^{-3} \; rad \; (0{,}09°)$$

O ângulo de torção em D é o mesmo que em C, uma vez que o DMT do trecho CD é nulo. Assim, o diagrama do ângulo de torção com o sinal positivo no sentido anti-horário é dado por:

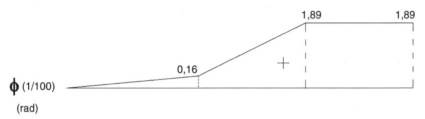

FIGURA 2.20 **Diagrama do ângulo de torção do eixo fixo no extremo submetido ao torque.**

2.4.6. O eixo circular maciço da Figura 2.21A tem diâmetro de 25 mm e é de uma liga de alumínio e está fixo em D e apoiado no mancal A, livre de giro. Ele está sujeito aos torques indicados de $M_1 = 3 \; kN \cdot cm$ e $M_2 = 5 \; kN \cdot cm$. Determinar o diagrama do ângulo de torção do eixo. Adote: G = 40 GPa, L1 = 120 mm, L2 = 150 mm e L3 = 200 mm.

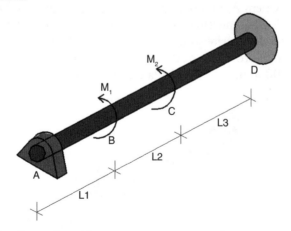

FIGURA 2.21A **Eixo fixo submetido aos torques concentrados.**

Resolução

O DMT do eixo é dado pela Figura 2.21B.

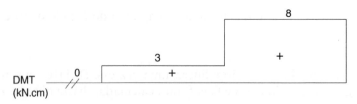

FIGURA 2.21B DMT do eixo fixo submetido aos torques concentrados.

Basta calcular os ângulos de torção em A, B e C, pois a sua lei é linear.

$$\phi_C = \phi_D + \left(\frac{TL}{GI_p}\right)_{DC} = 0 + \frac{8 \cdot 10^{-2} \cdot 0,2}{40 \cdot 10^6 \frac{\pi \cdot 0,025^4}{32}} = 0,0104 \ rad \ (0,6°)$$

$$\phi_B = \phi_C + \left(\frac{TL}{GI_p}\right)_{CB} = 0,0104 + \frac{3 \cdot 10^{-2} \cdot 0,15}{40 \cdot 10^6 \frac{\pi \cdot 0,025^4}{32}} = 0,0134 \ rad \ (0,8°)$$

$$\phi_A = \phi_B + \left(\frac{TL}{GI_p}\right)_{BA} = 0,0134 + 0 = 0,0134 \ rad \ (0,8°)$$

FIGURA 2.21C Diagrama do ângulo de torção do eixo fixo no extremo submetido aos torques.

2.4.7. Um eixo fixo em A e E com um mancal de giro livre em D está submetido aos torques T em B e na engrenagem C (Figura 2.22A). Obtenha o máximo valor de T de modo a atender o critério de tensão admissível e limite máximo do ângulo de torção de 5°. Diâmetro do eixo AB = 44 mm, eixo BE = 22 mm, L1 = L4 = 1500 mm, L2 = L3 = 1000 mm, τ_{adm} = 80 MPa e G = 60 GPa.

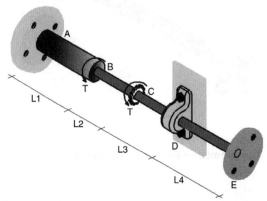

FIGURA 2.22A Eixo fixo nos extremos submetido aos torques concentrados.

Resolução

Problema hiperestático, obter DMT em termos da reação em E, assim:

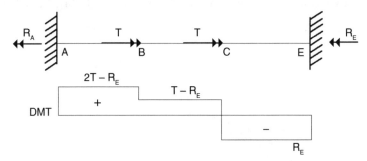

FIGURA 2.22B Reações e DMT do eixo fixo nos extremos submetido aos torques.

O ângulo de torção em E é nula, assim, a equação de compatibilização pode ser escrita como:

$$\phi_E = \phi_A + \left(\frac{TL}{GI_p}\right)_{AB \to DE} = 0 + \frac{(2T - R_E) \cdot 1{,}5}{G \frac{\pi \cdot 0{,}044^4}{32}} + \frac{(T - R_E) \cdot 1{,}0}{G \frac{\pi \cdot 0{,}022^4}{32}} + \frac{(-R_E) \cdot 2{,}5}{G \frac{\pi \cdot 0{,}022^4}{32}} = 0$$

$R_E = 0{,}33T$

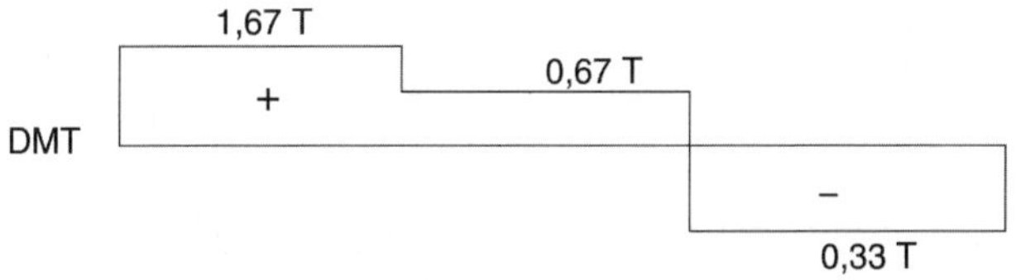

FIGURA 2.22C DMT do eixo fixo nos extremos submetido aos torques em termos de T.

A verificação de tensão crítica deve ser feita no trecho AB e BC:

$$\tau_{AB} = \frac{1{,}67 \cdot T \cdot 0{,}022}{\frac{\pi \cdot 0{,}044^4}{32}} \leq \bar{\tau} = 80 \cdot 10^3 \to T \leq 0{,}80 \ kN \cdot m$$

$$\tau_{BC} = \frac{0{,}67 \cdot T \cdot 0{,}011}{\frac{\pi \cdot 0{,}022^4}{32}} \leq \bar{\tau} = 80 \cdot 10^3 \to T \leq 0{,}25 \ kN \cdot m$$

Pelo diagrama, o maior ângulo de torção ocorre na seção em C:

$$\phi_C = \phi_A + \left(\frac{TL}{GI_p}\right)_{AB \to BC} = 0 + \frac{1{,}67 \cdot T \cdot 1{,}5}{60 \cdot 10^6 \cdot \frac{\pi \cdot 0{,}044^4}{32}} + \frac{0{,}67 \cdot T \cdot 1{,}0}{60 \cdot 10^6 \cdot \frac{\pi \cdot 0{,}022^4}{32}} \leq \frac{5\pi}{180}$$

$T \leq 0{,}146 \ kN \cdot m$

Portanto, T = 14,6 kN · cm

2.4.8. O eixo de seção constante e material homogêneo está fixo em A e D (Figura 2.23A), e é solicitado pelos momentos de torção M_1 e M_2, nos respectivos sentidos. . Determinar os momentos reativos M_A e M_D em termos de M_1, M_2, L1, L2, L3.

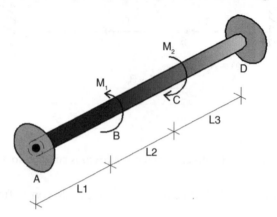

FIGURA 2.23A Eixo fixo nos extremos submetidos aos torques.

Resolução

Indicando os sentidos das reações conforme Figura 2.23B, e sabendo que o eixo é hiperestático, pode-se obter as reações usando a relação de compatibilidade:

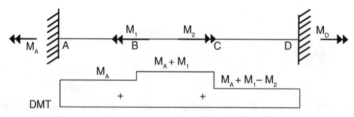

FIGURA 2.23B Reações e DMT em termos de M_1 e M_2 do eixo fixo nos extremos.

$$\phi_D = \phi_A + \left(\frac{TL}{GI_p}\right)_{AB \to CD} = 0 + \frac{M_A \cdot L1}{GI_p} + \frac{(M_A + M_1) \cdot L2}{GI_p} + \frac{(M_A + M_1 - M_2) \cdot L3}{GI_p} = 0$$

$$M_A = \frac{M_2 L3 - M_1 (L2 + L3)}{(L1 + L2 + L3)}$$

Usando a equação de equilíbrio: $\sum M_{torção} = 0 : \to M_A + M_1 = M_D + M$

Pode-se obter M_D: $M_D = \dfrac{M_1 L1 - M_2 (L1 + L2)}{(L1 + L2 + L3)}$

2.4.9. Uma estaca de aço está sujeita ao torque T = 50 kN · m (Figura 2.24A). Admita que o solo exerça uma reação linear ao longo de seu fuste e que seu ângulo de torção seja nulo. Sabe-se que a estaca tem uma tensão cisalhante admissível de

τ_{adm} = 50 MPa e módulo de deformação transversal de 75 GPa. Determine o mínimo valor do diâmetro de modo a garantir a segurança à tensão e também um ângulo de torção máximo de 1º. Considere L1 = 0, L2 = 12 m.

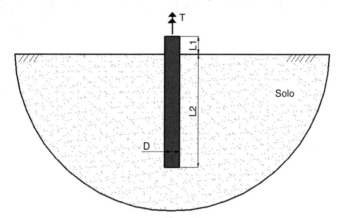

FIGURA 2.24A Estaca submetida ao torque.

Resolução

Considere a carga reativa q em kN.m/m, a qual pode ser obtida por equilíbrio por:

$$\sum M_{torção} = 0 : \rightarrow T = q \cdot L2 \rightarrow q = \frac{T}{12} = \frac{50}{12} (kN \cdot m/m)$$

O DMT é linear, dado por: $T(x) = q \cdot x = \frac{50}{12} x \ (kN \cdot m)$

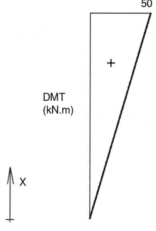

FIGURA 2.24B DMT da estaca.

O dimensionamento para a tensão admissível fica:

$$\tau(x = 12m)_{MAX} = \frac{50 \cdot D/2}{\frac{\pi D^4}{32}} \le 50 \cdot 10^3 \rightarrow \frac{50 \cdot D/2}{\frac{\pi D^4}{32}} \le 50 \cdot 10^3 \rightarrow D \ge 0,172 \ m$$

O dimensionamento para rotação máxima fica:

$$\phi_{x=12m} = \phi(x=0) + \int_0^{12} \frac{T(x)\,dx}{GI_p} = 0 + \int_0^{12} \frac{\frac{50x}{12}\,dx}{GI_p} = \frac{25}{6 \cdot 75 \cdot 10^6 \cdot \frac{\pi D^4}{32}} \int_0^{12} x\,dx$$

$$\phi_{x=12m} = \frac{4{,}074 \cdot 10^{-5}}{D^4} \leq \frac{\pi}{180} \to D \geq 0{,}22 \text{ m}$$

Portanto, D = 22 cm

2.4.10. Para o exercício 2.4.9, considere D = 25 cm, calcule o maior comprimento da estaca de modo que atenda às condições do ângulo de torção máximo indicado no exercício anterior.

Resolução
A resistência constante da reação é dada por:

$$\sum M_{torção} = 0 : \to T = q \cdot L \to q = \frac{T}{L} = \frac{50}{L} (kN \cdot m/m)$$

O DMT é linear, dado por: $T(x) = q \cdot x = \frac{50}{L} x \ (kN \cdot m)$

O dimensionamento para o ângulo de torção máximo fica:

$$\phi_{x=L} = \phi(x=0) + \int_0^L \frac{T(x)\,dx}{GI_p} = 0 + \int_0^L \frac{\frac{50x}{L}\,dx}{GI_p} = \frac{50}{GI_p} \int_0^L x\,dx = \frac{25L}{GI_p}$$

$$\phi_{x=L} = \frac{25L}{75 \cdot 10^6 \cdot \frac{\pi \cdot 0{,}25^4}{32}} \leq \frac{\pi}{180} \to L \leq 20{,}1 \ m$$

Portanto, L = 20 m

Torção em seções fechadas de paredes finas

2.4.11. Para o exercício 2.4.10, adote para a estaca a seção retangular vazada da Figura 2.25, com b = 300 mm, h = 200 mm, t1 = t2 = 40 mm, obtenha seu comprimento limitado ao ângulo de torção máximo de 1°.

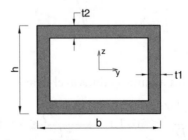

FIGURA 2.25 Seção retangular vazada.

Resolução

Para dimensionar o ângulo de torção, deve-se usar a segunda fórmula de Bredt:

$$\frac{d\phi}{dx} = \frac{T(x)}{4GA_m^2} \oint_{\text{linha média}} \frac{ds}{t}$$

Onde $A_m = (b - t1) \cdot (h - t2) = (0{,}3 - 0{,}04) \cdot (0{,}2 - 0{,}04) = 0{,}0416 \; m^2$

Assim: $\dfrac{d\phi}{dx} = \dfrac{50x}{4GA_m^2 L} \oint_{\text{linha média}} \dfrac{ds}{t} = \dfrac{50x}{4GA_m^2 L} \cdot 2 \cdot \left[\dfrac{26}{4} + \dfrac{16}{4}\right] = \dfrac{151 \cdot 685 \, x}{GL}$

$$\phi_{x=L} - \phi_{x=0} = \frac{151 \cdot 685}{GL} \int_{x=0}^{x=L} x\, dx = 1{,}0112 \cdot 10^{-3} \, L$$

$$\phi_{x=L} = \phi_{x=0} + 1{,}0112 \cdot 10^{-3} \, L \leq \frac{\pi}{180} \rightarrow L \leq 17{,}2 \; m$$

Portanto, L = 17,2 m

2.4.12. Um eixo fixo em A e E (Figura 2.26A) é formado por um trecho de seção circular maciça de diâmetro 60 mm que é soldado em um trecho retangular vazado, seção da Figura 2.25. O eixo está sujeito aos torques nas engrenagens em C e D. Obtenha as máximas tensões o ângulo de torção. Considere: G = 110 GPa, T = 10 kN.m, L1 = 4000 mm, L2 = L3 = L4 = 1000 mm, b = h = 100 mm, t1 = t2 = 20 mm.

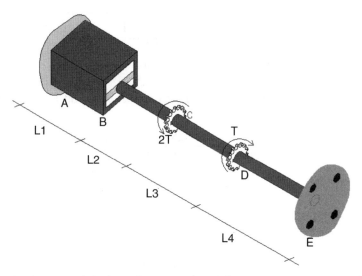

FIGURA 2.26A Eixo com dois tipos de seção submetido aos torques concentrados.

Resolução

Indicando os sentidos das reações conforme desenho, e sabendo que o eixo é hiperestático, pode-se obter as reações usando a relação de compatibilidade:

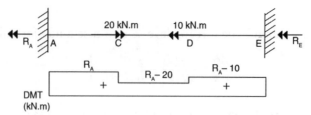

FIGURA 2.26B Reações e DMT em termos de R_A do eixo fixo nos extremos.

$$\phi_E = \phi_A + \left(\frac{TL}{4GA_m^2} \oint \frac{ds}{t}\right)_{AB} + \left(\frac{TL}{GI_p}\right)_{BC \to DE} = 0$$

$$\phi_E = \frac{R_A \cdot 4}{4GA_m^2} \cdot \oint \frac{ds}{t} + \frac{(R_A) \cdot 1}{GI_p} + \frac{(R_A - 20) \cdot 1}{GI_p} + \frac{(R_A - 10) \cdot 1}{GI_p} = 0$$

com, $I_p = \dfrac{\pi \cdot 0{,}06^4}{32} = 1{,}2723 \cdot 10^{-6}$ m^4 e

$A_m = (0{,}1 - 0{,}02) \cdot (0{,}1 - 0{,}02) = 6{,}4 \cdot 10^{-3}$ m^2 e : $\displaystyle\oint_{\text{linha média}} \frac{ds}{t} = 2 \cdot \left[\frac{8}{2} + \frac{8}{2}\right] = 16$

Obtendo R_A na equação de compatibilidade:
$R_A = 8{,}58$ kN·m, assim, por equilíbrio: $R_E = 1{,}42$ kN·m

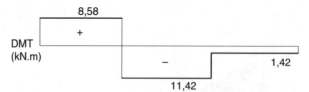

FIGURA 2.26C DMT final do eixo fixo nos extremos.

Aplicação da primeira fórmula de Bredt entre A e B e da Eq, (2.3) nas seções entre C e D:

$$\tau_A = \frac{T}{2tA_m} = \frac{8{,}58}{2 \cdot 0{,}02 \cdot 6{,}4 \cdot 10^{-3}} = 33{,}51 \ MPa$$

$$\tau_C = \frac{Tr}{I_p} = \frac{11{,}42 \cdot 0{,}03}{\dfrac{\pi \cdot 0{,}06^4}{32}} = 269{,}30 \ MPa$$

Obter o ângulo de torção na seção junto a B e na seção em C:

$$\phi_B = \phi_A + \left(\frac{TL}{4GA_m^2} \cdot \oint \frac{ds}{t}\right)_{AB} = \frac{8{,}58 \cdot 4}{4 \cdot 110 \cdot 10^6 \cdot (6{,}4 \cdot 10^{-3})^2} \cdot 16 = 0{,}0305 \ rad \ (1{,}7°)$$

$$\phi_C = \phi_B + \frac{(R_A) \cdot 1}{GI_p} = 0{,}0305 + \frac{8{,}58 \cdot 1}{110 \cdot 10^6 \cdot \dfrac{\pi \cdot 0{,}06^4}{32}} = 0{,}0918 \ rad \ (5{,}3°)$$

Portanto, $\tau_{max} = 269{,}30$ MPa ; $\phi_{max} = 0{,}0918$ rad (5,3°)

2.4.13. Para o eixo submetido ao torque indicado (Figura 2.27A), sabendo-se que L1 = 2000 mm, T = 200 kN·m e G = 50 GPa, obtenha para cada seção transversal a tensão e o ângulo de torção máximo para os exercícios 2.4.13 a 2.4.23. Adote a seção da Figura 2.27B com: b = 500 mm, h = 350 mm, t1 = t2 = 35 mm.

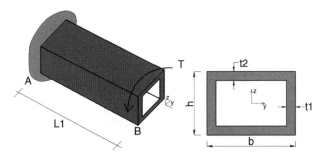

FIGURA 2.27A e B (a) Eixo fixo sujeito ao torque; (b) seção vazada retangular.

Resolução
O DMT é dado por:

FIGURA 2.27C DMT do eixo fixo com torque concentrado.

$A_m = (0,5 - 0,035) \cdot (0,35 - 0,035) = 0,1465 \text{ m}^2$ e:

$$\oint_{\text{linha média}} \frac{ds}{t} = 2 \cdot \left[\frac{465}{35} + \frac{315}{35}\right] = 44,57$$

$$\tau_A = \frac{T}{2tA_m} = \frac{200}{2 \cdot 0,035 \cdot 0,1465} = 19,5 \text{ MPa}$$

$$\phi_B = \phi_A + \left(\frac{TL}{4GA_m^2} \cdot \oint \frac{ds}{t}\right)_{AB} = 0 + \frac{200 \cdot 2}{4 \cdot 50 \cdot 10^6 \cdot (0,1465)^2} \cdot 44,57 = 4,2 \cdot 10^{-3} \text{ rad } (0,24°)$$

2.4.14. Adote na seção da Figura 2.28: B = 300, b = 200 mm, h = 320 mm, t1 = t2 = 10 mm.

Resolução

$Am = (0,29 + 0,19) \cdot (0,31) \cdot 0,5 = 0,0744 \ m^2$

e: $\oint_{\text{linha média}} \frac{ds}{t} = \frac{1}{10}[290 + 2 \cdot (\sqrt{50^2 + 310^2}) + 190] = 110,8$

$$\tau_A = \frac{T}{2tA_m} = \frac{200}{2 \cdot 0{,}01 \cdot 0{,}0744} = 134{,}4 \ MPa$$

$$\phi_B = \phi_A + \left(\frac{TL}{4GA_m^2} \cdot \oint \frac{ds}{t}\right)_{AB} = 0 + \frac{200 \cdot 2}{4 \cdot 50 \cdot 10^6 \cdot (0{,}0744)^2} \cdot 110{,}8 = 0{,}04 \ rad \ (2{,}3°)$$

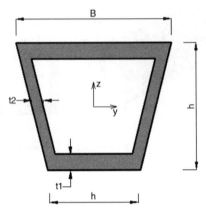

FIGURA 2.28 Seção de parede fina trapezoidal.

2.4.15. Adote a seção do triângulo equilátero da Figura 2.29, com b = 300 mm, t1 = t2 = 25 mm.

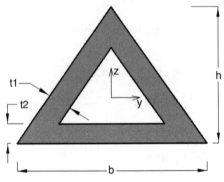

FIGURA 2.29 Seção vazada de um triângulo equilátero.

Resolução

A medida b_m é dada para quando t1 = t2 = t por:

$$b_m = b - \frac{t}{\text{sen}(60°)} = 300 - \frac{t}{\text{sen}(60°)} = 271{,}13 \ mm$$

A área média fica: $A_m = 0{,}25 \cdot b_m^2 \cdot tg(60°) = 0{,}03183 \ m^2$ e:

$$\oint_{\text{linha média}} \frac{ds}{t} = \frac{3}{25} \cdot [271{,}13] = 32{,}5$$

$$\tau_A = \frac{T}{2tA_m} = \frac{200}{2 \cdot 0{,}025 \cdot 0{,}03183} = 125{,}7 \ MPa$$

$$\phi_B = \phi_A + \left(\frac{TL}{4GA_m^2} \cdot \oint \frac{ds}{t}\right)_{AB} = 0 + \frac{200 \cdot 2}{4 \cdot 50 \cdot 10^6 \cdot (0{,}03183)^2} \cdot 32{,}5 = 0{,}064 \ rad \ (3{,}7°)$$

2.4.16. Adote na seção da Figura 2.30, b = 300 mm, R1 = 150 mm, t1 =15 mm.

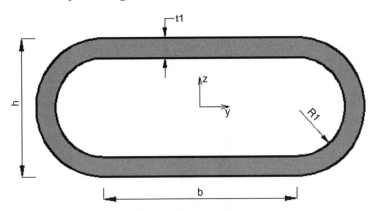

FIGURA 2.30 Seção vazada de trecho reto com semicírculos.

Resolução

Da geometria, $b_m = b = 300$ mm, $h_m = 2R1 + t1 = 315$ mm, $r_m = R1 + 0{,}5 \cdot t1 = 157{,}5$ mm.
A área média é dada por: $A_m = b_m h_m + \pi r_m^2 = 0{,}172 \ m^2$ e:

$$\oint_{linha\ média} \frac{ds}{t} = \frac{2}{15} \cdot [\pi \cdot 157{,}5 + 300] = 106$$

$$\tau_A = \frac{T}{2tA_m} = \frac{200}{2 \cdot 0{,}015 \cdot 0{,}172} = 38{,}8 \ MPa$$

$$\phi_B = \phi_A + \left(\frac{TL}{4GA_m^2} \cdot \oint \frac{ds}{t}\right)_{AB} = 0 + \frac{200 \cdot 2}{4 \cdot 50 \cdot 10^6 \cdot (0{,}172)^2} \cdot 106 = 0{,}0072 \ rad \ (0{,}4°)$$

2.4.17. Adote na seção da Figura 2.31, R = 250 mm, t = 50 mm.

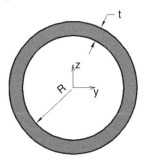

FIGURA 2.31 Seção vazada de um círculo.

Resolução

Da geometria, $r_m = R + 0{,}5 \cdot t = 250 + 25 = 275$ mm.

A área média é dada por: $Am = \pi r_m^2 = 0{,}2376\ m^2$ e:

$$\oint_{linha\ média} \frac{ds}{t} = \frac{1}{50} \cdot [2\pi \cdot 275] = 34{,}6$$

$$\tau_A = \frac{T}{2tA_m} = \frac{200}{2 \cdot 0{,}05 \cdot 0{,}2376} = 8{,}4\ MPa$$

$$\phi_B = \phi_A + \left(\frac{TL}{4GA_m^2} \cdot \oint \frac{ds}{t}\right)_{AB} = 0 + \frac{200 \cdot 2}{4 \cdot 50 \cdot 10^6 \cdot (0{,}2376)^2} \cdot 34{,}6 = 0{,}001226\ rad\ (0{,}07°)$$

2.4.18. Adote na seção da Figura 2.32, b1 = 200 mm, b2 = 300 mm, b3 = 320 mm, t = 10 mm.

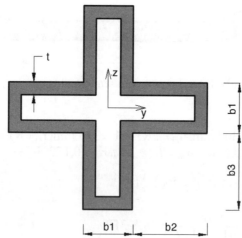

FIGURA 2.32 Seção vazada cruciforme.

Resolução

Da geometria da seção: $b1_m = 190$ mm, $b2_m = 300$ mm e $b3_m = 320$ mm.
A área média é dada por:

$$Am = 2 \cdot [0{,}5 \cdot 0{,}19 \cdot (2 \cdot 0{,}32 + 0{,}19) + 0{,}19 \cdot 0{,}3] = 0{,}2717\ m^2\ e:$$

$$\oint_{linha\ média} \frac{ds}{t} = \frac{4}{10} \cdot [190 + 320 + 300] = 324$$

$$\tau_A = \frac{T}{2tA_m} = \frac{200}{2 \cdot 0{,}01 \cdot 0{,}2717} = 36{,}8\ MPa$$

$$\phi_B = \phi_A + \left(\frac{TL}{4GA_m^2} \cdot \oint \frac{ds}{t}\right)_{AB} = 0 + \frac{200 \cdot 2}{4 \cdot 50 \cdot 10^6 \cdot (0{,}2717)^2} \cdot 324 = 0{,}00878\ rad\ (0{,}5°)$$

2.4.19. Adote na seção elíptica da Figura 2.33, a = 300 mm, b = 200 mm, t = 20 mm.

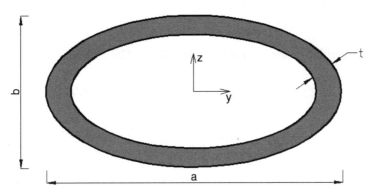

FIGURA 2.33 Seção vazada elíptica.

Resolução
Da geometria da seção: $a_m = 280$ mm, $b_m = 180$ mm.

A área média é dada por: $Am = 0{,}25 \cdot \pi \cdot a_m \cdot b_m = 0{,}03958$ m² e o perímetro (C) da elipse é aproximado por: $C = 0{,}5 \cdot \pi \cdot a_m \cdot \left[2 - \dfrac{e^2}{2} + \dfrac{3 \cdot e^4}{16}\right] = 779$ mm

Com $e = 2 \cdot \dfrac{\sqrt{\left(\dfrac{a_m}{2}\right)^2 - \left(\dfrac{b_m}{2}\right)^2}}{a_m}$ e $\displaystyle\oint_{linha\ média} \dfrac{ds}{t} = \dfrac{C}{t} = \dfrac{779}{20} = 38{,}9$

$\tau_A = \dfrac{T}{2tA_m} = \dfrac{200}{2 \cdot 0{,}02 \cdot 0{,}03958} = 126{,}3$ MPa

$\phi_B = \phi_A + \left(\dfrac{TL}{4GA_m^2} \cdot \oint \dfrac{ds}{t}\right)_{AB} = 0 + \dfrac{200 \cdot 2}{4 \cdot 50 \cdot 10^6 \cdot (0{,}03958)^2} \cdot 38{,}9 = 0{,}0497$ rad (2,8°)

Torção em barras com seções maciças não circulares

2.4.20. Resolva o exercício 2.4.13 com seção maciça quadrada de lado 250 mm.

Resolução
A tensão e o ângulo de torção máximo são dados por:

$$\tau_{máx} = \dfrac{T}{\alpha a b^2} \qquad \phi_{máx} = \dfrac{TL}{G \beta a b^3} \qquad \text{com } a > b$$

Na seção quadrada: $\alpha \cong 0{,}208$ e $\beta \cong 0{,}141$. Assim:

$\tau_{máx} = \dfrac{200}{0{,}208 \cdot 0{,}25 \cdot 0{,}25^2} = 61{,}5 \cdot 10^3$ kPa $= 61{,}5$ MPa

$\phi_{máx} = \dfrac{200 \cdot 2}{50 \cdot 10^6 \cdot 0{,}141 \cdot 0{,}25 \cdot 0{,}25^3} = 0{,}01452$ rad (0,8°)

2.4.21. Resolva o Exercício 2.4.13 com seção maciça retangular de base b = 160 mm, h = 320 mm.

Resolução

Na seção retangular de a/b = 2: $\alpha \cong 0{,}246$ e $\beta \cong 0{,}229$. Assim:

$$\tau_{máx} = \frac{200}{0{,}246 \cdot 0{,}32 \cdot 0{,}16^2} = 99{,}2 \cdot 10^3 \text{ kPa} = 99{,}2 \text{ MPa}$$

$$\phi_{máx} = \frac{200 \cdot 2}{50 \cdot 10^6 \cdot 0{,}229 \cdot 0{,}32 \cdot 0{,}16^3} = 0{,}02665 \text{ rad } (1{,}5°)$$

2.4.22. Resolva o exercício 2.4.13 com seção maciça retangular de base b = 100 mm, h = 300 mm.

Resolução

Na seção retangular de a/b = 3: $\alpha \cong 0{,}267$ e $\beta \cong 0{,}263$. Assim:

$$\tau_{máx} = \frac{200}{0{,}267 \cdot 0{,}3 \cdot 0{,}1^2} = 249{,}7 \cdot 10^3 \text{ kPa} = 249{,}7 \text{ MPa}$$

$$\phi_{máx} = \frac{200 \cdot 2}{50 \cdot 10^6 \cdot 0{,}263 \cdot 0{,}3 \cdot 0{,}1^3} = 0{,}1014 \text{ rad } (5{,}8°)$$

2.4.23. Resolva o exercício 2.4.13 com seção maciça retangular de base b = 150 mm, h = 600 mm.

Resolução

Na seção retangular de a/b = 4: $\alpha \cong 0{,}287$ e $\beta \cong 0{,}281$. Assim:

$$\tau_{máx} = \frac{200}{0{,}287 \cdot 0{,}6 \cdot 0{,}15^2} = 51{,}6 \cdot 10^3 \text{ kPa} = 51{,}6 \text{ MPa}$$

$$\phi_{máx} = \frac{200 \cdot 2}{50 \cdot 10^6 \cdot 0{,}281 \cdot 0{,}6 \cdot 0{,}15^3} = 0{,}01406 \text{ rad } (0{,}8°)$$

2.4.24. Um eixo fixo em A e D (Figura 2.34A) é formado por um trecho BD de seção circular maciça de diâmetro 60 mm, que é soldado em um trecho retangular maciço, de largura de 80 mm e altura de 120 mm. O eixo está sujeito ao torque gerado pelo binário aplicado por uma barra rígida de 150 mm. Obtenha a máxima tensão e o ângulo de torção. Considere: G = 60 GPa, P = 70 kN, L1 = 4000, L2 =1000 mm e L3 = 2000 mm.

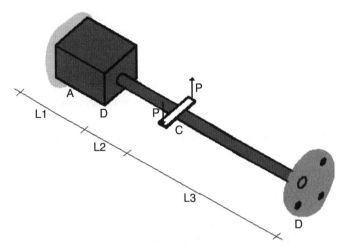

FIGURA 2.34A Eixo fixo nos extremos de seção maciça fechada não circular.

Resolução

O torque resultante é T = 0,15 · 70 = 10,5 kN · m. O problema é hiperestático, podendo expressar o DMT em termos da reação R_A, conforme Figura 2.34B. Considerando que $I_p = \dfrac{\pi \cdot 0,06^4}{32} = 1,2723 \cdot 10^{-6}$ m^4 e seção retangular de a/b = 1,5, com: $\alpha \cong 0,231$ e $\beta \cong 0,196$; a equação de compatibilidade pode ser escrita como:

$$\phi_D = \phi_A + \left(\frac{TL}{G\beta ab^3}\right)_{AB} + \left(\frac{TL}{GI_p}\right)_{BC \to CD} = 0$$

$$\phi_E = \frac{R_A \cdot 4}{G \cdot 0,196 \cdot 0,12 \cdot 0,08^3} + \frac{(R_A) \cdot 1}{GI_p} + \frac{(R_A - 10,5) \cdot 2}{GI_p} = 0$$

Onde: R_A = 6,14 kN · m, assim, por equilíbrio: R_E = 4,36 kN · m

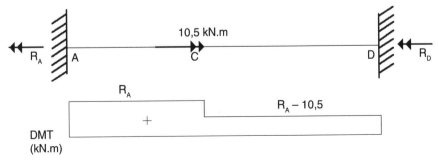

FIGURA 2.34B Reações e DMT em termos de R_A do eixo fixo nos extremos com seções retangulares e circulares.

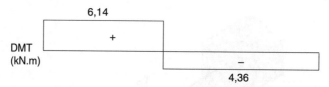

FIGURA 2.34C **DMT final eixo fixo nos extremos com seções retangulares e circulares.**

Na seção retangular próximo de B, a tensão e o ângulo de torção máximos são dados por:

$$\tau_{máx} = \frac{6,14}{0,231 \cdot 0,12 \cdot 0,08^2} = 34,6 \cdot 10^3 \text{ kPa} = 34,6 \text{ MPa}$$

$$\phi_{máx} = \frac{6,14 \cdot 4}{60 \cdot 10^6 \cdot 0,196 \cdot 0,12 \cdot 0,08^3} = 0,034 \text{ rad } (1,9°)$$

Na seção circular em C, com o maior momento de torção, a tensão e o ângulo de torção máximos são dados por:

$$\tau_{máx} = \frac{6,14 \cdot 0,03}{1,2723 \cdot 10^{-6}} = 144,8 \cdot 10^3 \text{ kPa} = 144,8 \text{ MPa}$$

$$\phi_C = \phi_B + \frac{6,14 \cdot 1}{60 \cdot 10^6 \cdot 1,2723 \cdot 10^{-6}} = 0,034 + 0,0804 = 0,114 \text{ rad } (6,6°)$$

Portanto, $\tau_{máx} = 144,8$ MPa; $\phi_{máx} = 0,114$ rad (6,6°)

Capítulo 3
Flexão e linha elástica

Este capítulo trata do estudo do problema da flexão em elementos estruturais e da cinemática relacionada com este tipo de solicitação. Inicialmente, deduz-se a Fórmula da Flexão pura para o caso de elementos estruturais sem curvatura inicial. Na sequência do capítulo, aborda-se o estudo de vigas constituídas por mais de um material, com o uso da técnica da homogeneização. O caso de flexão assimétrica é abordado na sequência juntamente com o caso de flexão associada à solicitação de força normal. Por fim, são apresentadas aplicações da linha elástica de elementos estruturais provocadas pela flexão.

3.1 DEFORMAÇÃO POR FLEXÃO PURA EM UM ELEMENTO SEM CURVATURA INICIAL

Solicitações por flexão são muito comuns em elementos estruturais dos mais diversos tipos. A cinemática utilizada no desenvolvimento deste capítulo é adequada para o caso de vigas nas quais a relação entre a maior dimensão da seção transversal e o comprimento é menor que 10%. Tal cinemática é conhecida como cinemática de Bernoulli-Euler.

Para o cálculo de tensões normais em uma barra inicialmente reta (configuração inicial) com comportamento elástico-linear e submetida à flexão pura atuando apenas em um eixo normal ao plano da seção, considera-se a hipótese cinemática apresentada na Figura 3.1 (configuração deformada).

Na Figura 3.1 há definições importantes para o estudo da cinemática da flexão. O ponto "O" indica o centro de curvatura do trecho ds. É importante observar que para cada ponto de um elemento submetido à flexão, o centro de curvatura pode estar em diferentes posições. A variável ρ indica o raio de curvatura média do elemento, ou seja, a distância entre o ponto "O" e a Linha Neutra (LN). A LN é uma linha (em corte) na qual as fibras da viga não mudam de comprimento. Fibra é definida como um segmento de reta na direção longitudinal do elemento submetido à flexão, medido na configuração inicial. A LN também é conhecida como Eixo Neutro e em perspectiva pode ser chamada plano neutro. Para facilitar o entendimento da teoria será adotada neste capítulo a nomenclatura de LN. O conceito de curvatura (κ) será útil no desenvolvimento dos equacionamentos relacionados com a flexão e é calculado como o inverso do raio de curvatura ($\kappa = \frac{\kappa}{\rho}$). O sinal da curvatura será positivo se a deformada do elemento apresentar concavidade para cima e negativa se apresentar concavidade para baixo[1]. Por fim, o ângulo de rotação do eixo longitudinal do elemento submetido à flexão em um ponto (θ) também é importante e assume valor positivo quando ocorrer no sentido anti-horário.

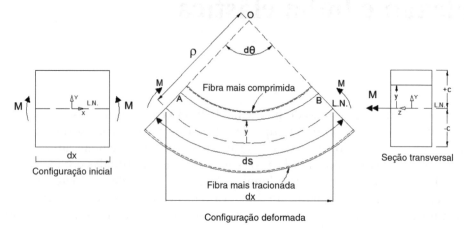

FIGURA 3.1 Cinemática de uma viga com seção retangular submetida à flexão pura (M constante ao longo de x).

Considera-se como hipótese de cálculo que as deformações sejam pequenas e, consequentemente, a fibra na configuração inicial tenha comprimento aproximadamente igual à fibra na configuração deformada (d ≅ dx).

Por semelhança, pode-se obter uma expressão para o comprimento de uma fibra $\overline{AB}$ distante "y" da LN.

$$\frac{dx}{\rho} = \frac{dx_{AB}}{\rho - y} \Rightarrow \boxed{dx_{AB} = \left(\frac{\rho - y}{\rho}\right) dx} \quad (3.1)$$

Pode-se calcular a deformação normal na fibra $\overline{AB}$ a partir da definição de deformação normal.

$$\varepsilon_{x_{AB}} = \frac{dx_{AB} - dx}{dx} = \frac{\left(\frac{\rho - y}{\rho}\right) dx - dx}{dx} \rightarrow \boxed{\varepsilon_{x_{AB}} = -\frac{y}{\rho} = -\kappa y} \quad (3.2)$$

É possível observar que, a partir da Equação (3.2), as deformações em uma viga submetida à flexão pura (M = constante) variam linearmente na seção com a distância (y) em relação à LN.

3.2 FÓRMULA DA FLEXÃO

Para cada tipo de solicitação há uma fórmula que relaciona o esforço solicitante aplicado com as tensões produzidas na seção transversal, por meio de propriedades

---

[1] Considerando-se o sistema adotado (x positivo para direita e y positivo para cima).

geométricas e pontos específicos da seção. Esse tipo de fórmula, além de informar o tipo de tensão produzida e seu valor, também fornece informações sobre como se dá a distribuição do campo de tensões na seção transversal. No caso da flexão, a fórmula a ser considerada é a Fórmula da Flexão.

Na Figura 3.2 é apresentada a hipótese de distribuição para as tensões normais em corte longitudinal. Nessa figura, para a solicitação de um momento fletor positivo há tensões de compressão acima da LN e de tração abaixo da LN. No caso da flexão pura atuando em torno do eixo "z", apresentada na Figura 3.2, todos os pontos do elemento de área dA distante y da LN apresentam os mesmos valores de tensão normal.

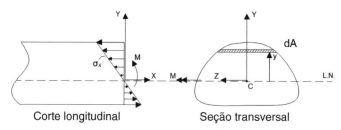

FIGURA 3.2 Distribuição de tensões normais em uma viga prismática submetida à flexão pura no plano YZ.

É importante observar que a distribuição de tensões também é linear, assim como a distribuição de deformações normais na seção apresentada na Equação (3.2). Essa característica de linearidade é explicada pela aplicação da Lei de Hooke em qualquer ponto da seção, conforme a Equação (3.3).

$$\boxed{\sigma_x = E\varepsilon_x = -E\kappa y} \tag{3.3}$$

A localização da LN pode ser obtida a partir de sua própria definição. Como não há tensão atuando sobre a LN, a força longitudinal resultante atuante em toda seção é nula.

$$F_R = \int_A \sigma_x dA = -\int_A (E\kappa y) dA = 0 \tag{3.4}$$

Como a curvatura (κ) da seção é constante e o material considerado é homogêneo, fazendo com que o módulo de elasticidade longitudinal (E) também seja constante, tem-se:

$$\int_A y dA = 0 = Q_z \tag{3.5}$$

Ou seja, o momento estático de área da seção em relação ao eixo "z" (Q_z) que passa pela LN é nulo. Chega-se, assim, à conclusão de que para o caso da flexão pura atuando apenas em um eixo (no caso "z"), a LN passa pelo centroide da seção, que é o ponto de equilíbrio dos momentos estáticos de área da seção, onde pode ser estudado com mais detalhes no livro de Greco e Maciel (2016).

3.2.1 Relação momento-curvatura

Para um determinado elemento de área dA, apresentado na Figura 3.2, tem-se que a parcela de momento fletor atuante é obtida pelo produto da força atuante no elemento pela distância à LN.

$$dM = (-\sigma_x dA)y \tag{3.6}$$

Para um momento fletor positivo atuando na seção, se a posição do elemento dA for positiva (y > 0), tem-se tensão normal de compressão (negativa). Se a posição do elemento dA for negativa (y < 0), tem-se tensão normal de tração (positiva). Dessas considerações surge o sinal negativo apresentado na Equação (3.6).

Considerando-se toda a seção transversal, tem-se:

$$M = \int_A dM = -\int_A \sigma_x y \, dA$$

$$M = -\int_A -(E\kappa y) y \, dA$$

$$M = \kappa E \int_A y^2 dA$$

$$\boxed{M = \kappa E I} \tag{3.7}$$

Em que EI é conhecido como módulo de rigidez à flexão e I é o momento de inércia da seção em relação ao eixo "z" ($I = I_z = \int_A y^2 dA$).

A Equação (3.7) estabelece uma relação entre o momento fletor atuante na seção e a curvatura produzida. É uma relação muito importante para o cálculo de deslocamentos e rotações das seções retas em vigas baseadas na cinemática de Bernoulli-Euler.

3.2.2 Relação tensão-momento fletor (fórmula da flexão)

Com a consideração das Equações (3.3) e (3.7) obtém-se a Fórmula da Flexão.

$$\sigma_x = -E\kappa y = -E\left(\frac{M}{EI}\right)y$$

$$\boxed{\sigma_x = \frac{My}{I}} \tag{3.8}$$

Observa-se que no caso da flexão pura em relação ao eixo "z", tanto o momento fletor apresentado na Equação (3.8) quanto o momento de inércia se referem ao eixo "z" ($M = M_z$ e $I = I_z$). Para o caso de flexão pura atuando em relação ao eixo "y", a Fórmula da Flexão seria dada por:

$$\sigma_x = \frac{M_y z}{I_y} \tag{3.9}$$

Como consequência da Fórmula da Flexão, nota-se que as maiores tensões normais (de tração e de compressão) causadas pela flexão pura ocorrem nos pontos da seção mais distantes da LN, para qualquer tipo de seção.

Em situações usuais, a Fórmula de Flexão pura pode ser aplicada em problemas de vigas submetidas à flexão não uniforme onde além da presença do momento fletor, também há esforço cortante $\left(M = M(x) \Rightarrow V = \left|\frac{dM}{dx}\right| \neq 0\right)$. Esse tipo de solicitação também é comumente chamado flexão simples.

Nas deduções anteriores são consideradas as seguintes hipóteses:

a) Vigas prismáticas constituídas de materiais homogêneos, isotrópicos e elásticos submetidos a tensões dentro do regime linear.
b) Desconsidera-se o empenamento da seção causado pelas tensões de cisalhamento. Portanto, admite-se que as seções transversais permaneceram planas e perpendiculares à LN (hipótese cinemática de Bernoulli-Euler).
c) As fórmulas são válidas para regiões sem concentração de tensões.
d) A seção reta da viga tem pelo menos um plano de simetria.
e) O plano de cargas coincide com plano de simetria, de forma que a linha de ação do vetor resultante momento fletor coincide com a LN.

Ademais, a Fórmula da Flexão pode ser utilizada com excelente aproximação para peças em flexão simples, ou seja, onde há presença do esforço cortante e vigas que apresentam variação de inércia ao longo do seu eixo de forma suave.

EXERCÍCIO RESOLVIDO 3.1

Uma viga biapoiada com balanço é solicitada por uma força de 4 kN, conforme a Figura 3.3. Pede-se calcular as maiores tensões normais de tração e de compressão causadas pela flexão.

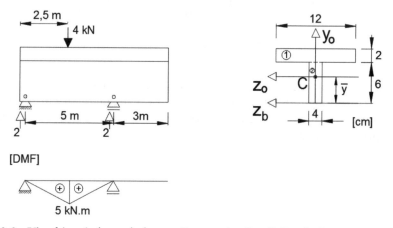

FIGURA 3.3 Viga biapoiada em balanço: Geometria, Condições de Contorno e Diagrama de Momentos Fletores.

Resolução

Inicialmente, faz-se necessário calcular as propriedades geométricas da seção transversal.

O centroide encontra-se horizontalmente sobre o eixo de simetria da seção e verticalmente na seguinte posição:

$$\bar{y}(2 \cdot 12 + 6 \cdot 4) = 3(6 \cdot 4) + 7(12 \cdot 2)$$

$$\boxed{\bar{y} = 5 \text{ cm}}$$

O momento principal de inércia (I_{z0}) em relação ao qual atua o momento fletor é calculado por:

$$I_{z0} = \frac{12 \cdot 2^3}{12} + (7-5)^2 (12 \cdot 2) + \frac{4 \cdot 6^3}{12} + (3-5)^2 (4 \cdot 6)$$

$$I_{z0} = 272 \text{ cm}^4$$

As tensões máximas atuantes na seção causadas pela flexão pura ocorrem nas fibras superiores e inferiores da seção transversal; são calculadas pela Fórmula da Flexão dada pela Equação (3.8).

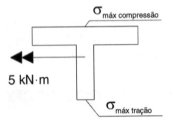

FIGURA 3.3A Tensões máximas de tração e de compressão na viga com seção "T".

$$\sigma_{\text{máxCompressão}} = -\frac{(5000) \cdot 0,03}{272 \cdot 10^{-8}} = \boxed{-55,14 \text{ MPa}}$$

$$\sigma_{\text{máxTração}} = -\frac{(5000) \cdot (-0,05)}{272 \cdot 10^{-8}} = \boxed{91,9 \text{ MPa}}$$

Na Figura 3.4 é apresentada a distribuição das tensões normais causadas pela flexão, em corte longitudinal. É importante observar que, pelo fato do momento fletor atuante ser positivo, a região tracionada da seção está abaixo da LN e a região comprimida está acima da LN.

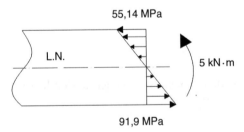

FIGURA 3.4 Distribuição de tensões normais na seção crítica da viga biapoiada.

3.3 VIGAS COMPOSTAS

As vigas compostas são vigas constituídas por dois ou mais materiais diferentes. Em algumas aplicações na Engenharia é interessante aliviar o peso próprio da estrutura e utilizar materiais mais resistentes apenas em determinadas regiões. Na Figura 3.5 observa-se a seção de uma viga constituída por dois materiais diferentes. O Centro de Gravidade (CG) está localizado em uma região mais próxima do elemento com maior módulo de elasticidade longitudinal ($E_{[2]}$), em uma posição diferente do Centroide da seção (ponto "C").

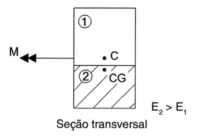

FIGURA 3.5 Seção transversal de uma viga composta por dois materiais submetida à flexão pura.

Nos problemas de vigas compostas, a LN não passa mais pelo centroide da seção original, mas a distribuição de deformações normais continua sendo linear e contínua. No entanto, há descontinuidade de tensões normais na interface entre os materiais, pois os módulos de elasticidade longitudinal são diferentes. A Figura 3.6 apresenta as distribuições de deformações e tensões normais para o caso de uma viga composta por dois materiais ($E_{[2]} > E_{[1]}$). Para o caso de flexão pura, as máximas tensões normais ocorrem nas extremidades superior e inferior da viga.

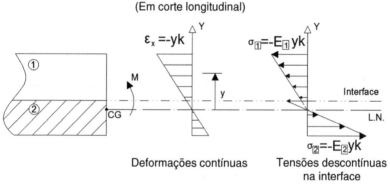

FIGURA 3.6 Distribuições de deformações e de tensões normais na viga em corte longitudinal.

A fórmula das deformações normais é válida para os dois materiais, que apresentam a mesma curvatura.

$$\boxed{\varepsilon_x = -ky} \tag{3.10}$$

As tensões normais podem ser calculadas pela Lei de Hooke, considerando-se os diferentes módulos de elasticidade longitudinal.

$$\boxed{\sigma_{[1]} = E_{[1]}\varepsilon_x}$$
$$\boxed{\sigma_{[2]} = E_{[2]}\varepsilon_x} \tag{3.11}$$

Utiliza-se uma técnica de homogeneização da seção transversal na resolução do problema, tomando-se um material como referência. Pode-se utilizar um material mais rígido como referência ou um material mais central, dependendo do problema a ser resolvido. Para qualquer referência adotada para os cálculos, os resultados devem apresentar os mesmos valores finais.

No caso, utiliza-se a técnica de homogeneização da seção tomando-se o material mais rígido como referência. Assim, calcula-se um fator de transformação (n_{12}).

$$\boxed{n_{12} = \frac{E_{①}}{E_{②}}} \tag{3.12}$$

De acordo com a Equação (3.12), o material 1 será convertido em material 2. Caso $n_{12} > 1$, tem-se um alargamento da base do material 1. Caso $n_{12} < 1$, tem-se um estreitamento da base do material 1, considerando-se a flexão pura em relação ao eixo horizontal "z". Caso houvesse flexão também em relação ao eixo vertical "y", a altura do material transformado (no caso material 1) também deveria sofrer conversão. No caso desenvolvido ($E_{②} > E_{①} \Rightarrow n_{12} < 1$), tem-se a transformação da seção e novas distribuições de tensões normais apresentadas na Figura 3.7.

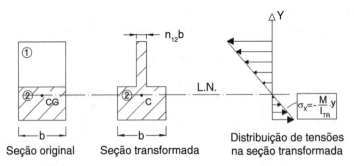

FIGURA 3.7 Seção transversal transformada e respectiva distribuição de tensões normais.

A seção transformada é homogeneizada com o material de referência 2, sendo a parcela constituída pelo material 1 convertida em material 2 ($b_1 = n_{12}b$). A LN passa pelo centroide da seção transformada, que possui momento de inércia I_{TR}. Para o material 2, as tensões normais são calculadas diretamente pela Fórmula da Flexão:

$$\sigma_{x②} = \sigma_{②} = -\frac{My}{I_{TR}} \tag{3.13}$$

Para o material 1, as tensões normais são calculadas pela fórmula da flexão corrigida pelo fator de transformação:

$$\sigma_{x①} = \sigma_{①} = -n_{12}\frac{My}{I_{TR}} = -\frac{E_{①}}{E_{②}} \cdot \frac{My}{I_{TR}} \tag{3.14}$$

EXERCÍCIO RESOLVIDO 3.2

Uma seção "I" é constituída por duas abas de alumínio e uma alma de aço, conforme apresentada na Figura 3.8. Sabendo-se que $\sigma_{ADM_{aço}} = \pm 200$ MPa e $\sigma_{ADM_{alumínio}} = \pm 220$ MPa, pede-se calcular o máximo valor do momento fletor "M" que pode ser aplicada na seção. Dados: $E_{aço} = 210$ GPa e $E_{alumínio} = 63$ GPa.

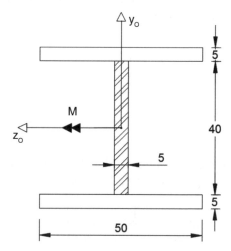

FIGURA 3.8 Seção "I" composta submetida à flexão (cotas em [cm]).

Resolução

O problema pode ser resolvido pela técnica de homogeneização da seção. Nesse caso, o material do núcleo da viga será tomado como referência para a transformação da seção. O Fator de Transformação é dado por:

$$n_{12} = \frac{63}{210} = \boxed{0{,}30}$$

A seção transformada é apresentada na Figura 3.8A.

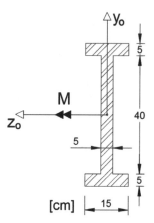

FIGURA 3.8A Seção transformada homogeneizada com referência no material aço.

O momento de inércia da seção transformada (I_{TR}) pode ser calculado usando-se a seguinte expressão:

$$I_{TR} = \frac{15 \cdot 50^3}{12} - \frac{10 \cdot 40^3}{12} = \boxed{1{,}029 \cdot 10^5 \text{ cm}^4}$$

Para o cálculo do momento máximo aplicado no alumínio, que foi transformado, deve-se corrigir a Fórmula da Flexão considerando-se o Fator de Transformação utilizado.

$$\boxed{\sigma_{x\text{alumínio}} = n_{12}\left(-\frac{My}{I_{TR}}\right)} \leq \sigma_{ADM\text{alumínio}}$$

$$\sigma_{x\text{ alumínio máx}} = \frac{0{,}30 \cdot (-M) \cdot (-0{,}25)}{1{,}029 \cdot 10^5 \cdot 10^{-8}} \leq 220 \cdot 10^6 \Rightarrow \boxed{M \leq 3018 \text{ kN} \cdot \text{m}}$$

Para o cálculo do momento máximo aplicado no aço, tomado como referência, deve-se aplicar diretamente a Fórmula da Flexão.

$$\boxed{\sigma_{x\text{aço}} = -\frac{My}{I_{TR}}} \leq \sigma_{ADM\text{aço}}$$

$$\sigma_{\boxed{x\text{aço máx}}} = \frac{(-M) \cdot (-0{,}20)}{1{,}029 \cdot 10^5 \cdot 10^{-8}} \leq 200 \cdot 10^6 \Rightarrow \boxed{M \leq 1029 \text{ kN} \cdot \text{m}}$$

Portanto, o máximo momento que pode ser aplicado na seção é o menor valor, pois ambos os casos devem ser atendidos.

$$\Rightarrow \boxed{M = 1029 \text{ kN} \cdot \text{m}}$$

Foram consideradas as tensões normais máximas de tração geradas nos materiais. O cálculo à compressão é análogo devido à simetria da seção e os limites iguais de resistência dos materiais para tração e compressão. Assim, tem-se $\sigma_{\text{máx}(+)} = -\sigma_{\text{máx}(-)}$, o que conduz ao mesmo valor limite para o momento fletor atuante.

3.4 FLEXÃO ASSIMÉTRICA

A flexão assimétrica ocorre quando a linha de ação do vetor momento fletor resultante (vetor de seta dupla) não coincide com nenhum dos eixos principais centroidais da seção reta da viga. Também é conhecida como flexão oblíqua. Na Figura 3.9 é apresentado exemplo de flexão assimétrica, onde o momento fletor resultante M é decomposto nas direções principais de inércia y_0 e z_0. Consideram-se, por simplicidade, os momentos atuantes em relação aos eixos principais de inércia no equacionamento. No caso, na região diagonal à direita da LN há compressão e na região diagonal à esquerda há tração.

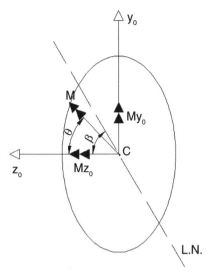

FIGURA 3.9 Seção transversal submetida à ação de componentes de flexão em dois eixos principais (flexão assimétrica).

Pode-se adotar o seguinte procedimento de análise de tensões causadas pela flexão assimétrica:

a) Localizar o centroide da seção.
b) Definir os eixos principais de inércia (y_0 e z_0).
c) Decompor o momento fletor nas direções dos eixos principais de inércia.

$$\boxed{M_{y_0} = M \operatorname{sen}(\theta)} \tag{3.15}$$

$$\boxed{M_{z_0} = M \cos(\theta)} \tag{3.16}$$

d) Considerando-se a superposição de efeitos, obtém-se uma expressão para o cálculo da tensão normal atuante em qualquer ponto da seção.

$$\boxed{\sigma_x = \sigma_{M_{y_0}} + \sigma_{M_{z_0}}} \Rightarrow \sigma_x = \frac{M_{y_0}}{I_{y_0}} \cdot z - \frac{M_{z_0}}{I_{z_0}} \cdot y \tag{3.17}$$

Os sinais obtidos na Equação (3.17) são definidos pela orientação dos eixos cartesianos ($x = x_0$ é positivo na direção normal ao plano da seção). Ou seja, no caso de momento fletor positivo atuante no eixo "y_0", para um ponto com coordenada positiva "z" a componente de tensão normal é de tração (primeira parcela positiva da equação). Por outro lado, no caso de momento fletor positivo atuante no eixo "z_0", para um ponto com coordenada positiva "y", a componente de tensão normal é de compressão (segunda parcela negativa da equação).

e) Obtenção da LN em corte longitudinal, as tensões normais são nulas.

$$\boxed{\sigma_x = 0} \tag{3.18}$$

$$\frac{M_{y_0}}{I_{y_0}} \cdot z = \frac{M_{z_0}}{I_{z_0}} \cdot y$$

$$\frac{M \cdot \mathrm{sen}\theta}{I_{y_0}} \cdot z = \frac{M \cdot \cos\theta}{I_{z_0}} \cdot y$$

$$\boxed{\frac{I_{z_0}}{I_{y_0}} \cdot \mathrm{tg}\theta = \frac{y}{z} = \mathrm{tg}\beta} \tag{3.19}$$

Observa-se que, pela Equação (3.19), a LN passa pelo centroide da seção, mas com uma inclinação (β) diferente do ângulo obtido pela decomposição do momento fletor resultante (θ). Esses dois ângulos seriam iguais apenas no caso de seções com valores iguais de momentos principais de inércia à flexão ($I_{z_0} = I_{y_0}$). Outra observação importante é que os ângulos β e θ têm o mesmo sinal, pois os momentos de inércia são sempre positivos ($I_{y_0} > 0$ e $I_{z_0} > 0$). A Figura 3.10 apresenta duas situações para as posições dos ângulos em relação aos momentos de inércia. Pode-se concluir que a LN estará sempre localizada entre o eixo de flexão do momento atuante na seção e o eixo principal associado ao menor momento de inércia.

$$\text{Se } I_{z_0} < I_{y_0} \Rightarrow \beta < \theta$$
$$\text{Se } I_{z_0} > I_{y_0} \Rightarrow \beta > \theta$$

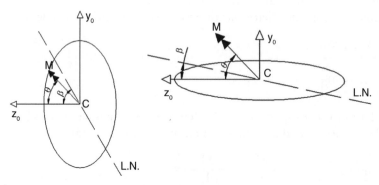

FIGURA 3.10 Posições da LN para flexão oblíqua em uma seção transversal não simétrica.

3.4.1 Fórmula geral da flexão

A fórmula geral da flexão considera a atuação de todos os esforços solicitantes que podem causar tensão normal na seção transversal. Para facilitar o equacionamento, a fórmula será descrita aqui em termos dos eixos principais de inércia. Caso uma força normal seja aplicada fora do centroide da seção, conforme apresentado na Figura 3.11, a LN não passará mais pelo centroide da seção.

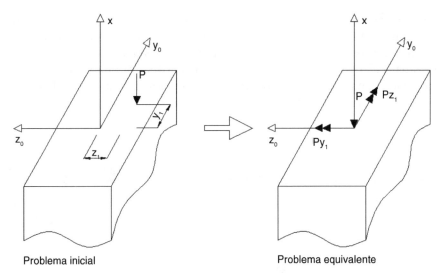

FIGURA 3.11 Seção retangular submetida às solicitações normal e de flexão assimétrica combinadas, analisada por meio de um problema equivalente.

O sistema equivalente apresentado na Figura 3.11 apresenta o mesmo campo de tensões do problema inicial, produzido pelas solicitações. No caso, as componentes de flexão apresentarão os seguintes valores:

$$M_{y_0} = P \cdot z_1$$

$$M_{z_0} = P \cdot y_1$$

As tensões normais podem ser calculadas considerando-se as influências das flexões em relação aos eixos principais e da força normal de compressão atuando na seção.

$$\sigma_x = \sigma_P + \sigma_{M_{y_0} + \sigma_{M_{z_0}}}$$

$$\boxed{\sigma_x = -\frac{P}{A} + \frac{M_{y_0}}{I_{y_0}} \cdot z - \frac{M_{z_0}}{I_{z_0}} \cdot y} \tag{3.20}$$

Os sinais apresentados na Equação (3.20) são válidos para as componentes de momentos apresentadas na Figura 3.11 e dependem da orientação dos eixos e do sentido da força P aplicada na seção. Se alguma componente de momento apresentar sentido contrário, basta incluir o sinal negativo da componente na Equação (3.20).

A equação da Linha Neutra é obtida para a região geométrica na qual as tensões normais são nulas ($\sigma_x = 0$). Assim, obtém-se uma equação da reta ao se considerar o corte longitudinal.

$$\sigma_x = 0 \Rightarrow \boxed{0 = c + b \cdot z - a \cdot y} \tag{3.21}$$

em que: $c = \pm \dfrac{P}{A}$; $b = \dfrac{M_{y_0}}{I_{y_0}}$; $a = \dfrac{M_{z_0}}{I_{z_0}}$.

No caso da flexão assimétrica em materiais frágeis, há uma região, chamada Núcleo Central, na qual a aplicação de uma força de compressão provoca apenas tensões de compressão em toda seção transversal. Nessa situação, a LN tangencia os lados da seção na pior situação possível ou se situa fora da seção, submetendo toda a seção apenas à compressão. No caso de seções retangulares, o Núcleo Central possui formato de losango com diagonais iguais a um terço das dimensões da seção. No caso de seções circulares, o Núcleo Central possui formato de circunferência com raio igual a um quarto do raio da seção.

EXERCÍCIO RESOLVIDO 3.3

Para a seção apresentada na Figura 3.12, pede-se posicionar a LN e calcular as máximas tensões de tração e de compressão causadas pela força aplicada. Dado: d = 4,328 cm.

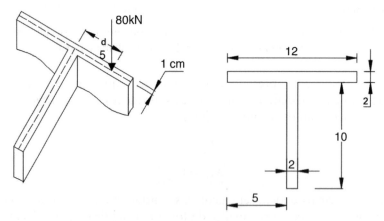

FIGURA 3.12 Seção transversal "T" submetida à flexo-compressão (cotas em [cm]).

Resolução

Inicialmente é necessário calcular as propriedades geométricas da seção.

$$A = 12 \cdot 2 + (2 \cdot 10) = \boxed{44 \text{ cm}^2}$$

Cálculo de $\bar{y} \Rightarrow \boxed{\bar{y} \cdot A = \sum_{i=1}^{2} y_i A_i}$

$$\bar{y} \cdot 44 = 11 \cdot (12 \cdot 2) + 5 \cdot (2 \cdot 10)$$

$$\boxed{\bar{y} = 8{,}273 \text{ cm}}$$

$$\begin{cases} I_{z0} = \dfrac{12 \cdot 2^3}{12} + (11 - 8{,}273)^2 \cdot 24 + \dfrac{2 \cdot 10^3}{12} + (5 - 8{,}273)^2 \cdot 20 = \boxed{567{,}4 \text{ cm}^4} \\ I_{y0} = \dfrac{2 \cdot 12^3}{12} + \dfrac{10 \cdot 2^3}{12} = \boxed{294{,}7 \text{ cm}^4} \end{cases}$$

Os esforços solicitantes atuantes no sistema equivalente são dados por:

$$\begin{cases} P = -80000 \text{ N} \\ M_{z_0} = 2182 \text{ N}\cdot\text{m} \\ M_{y_0} = 3462 \text{ N}\cdot\text{m} \end{cases}$$

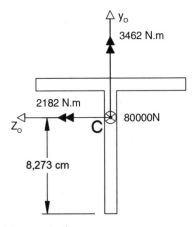

FIGURA 3.12A **Sistema estático equivalente.**

A equação da LN é obtida pela aplicação da Equação (3.20).

$$\boxed{\sigma_x = -\frac{P}{A} + \frac{M_{y_0}}{I_{y_0}}\cdot z - \frac{M_{z_0}}{I_{z_0}}\cdot y = 0}$$

$$-\frac{80000}{0,0044} + \frac{3462}{294,7\cdot 10^{-8}}\cdot z - \frac{2182}{567,4\cdot 10^{-8}}\cdot y = 0$$

Multiplicando-se a equação anterior pelo menor denominador (294,7 · 10⁻⁸) obtém-se:

$$\boxed{-53,58 + 3462z - 1133y = 0}$$

Considerando-se coordenadas nulas em relação aos dois eixos cartesianos, pode-se obter os seguintes pontos associados à LN:

$$\begin{cases} p/z = 0 \Rightarrow y = -0,04729 \text{ m} \\ p/y = 0 \Rightarrow z = 0,01548 \text{ m} \end{cases}$$

Assim, a LN é representada na Figura 3.12B, na qual não podem ser identificados os pontos mais tracionados e comprimidos da seção de acordo com as maiores distâncias.

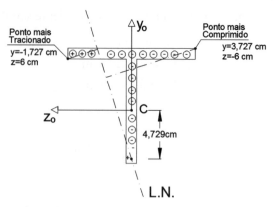

FIGURA 3.12B **Posição da Linha Neutra na seção.**

Dessa maneira, a máxima tensão de compressão ocorrerá no ponto mais distante à LN com coordenadas iguais a y = 3,727 cm e z = –6 cm.

$$\sigma_{\text{máx compressão}} = -\frac{80000}{0,0044} + \frac{3462\,(-0,06)}{294,7 \cdot 10^{-8}} - \frac{2182 \cdot 0,03727}{567,4 \cdot 10^{-8}} = -18,18 - 84,83$$

$$\sigma_{\text{máx compressão}} = \boxed{-103 \text{ MPa}}$$

Assim, como a máxima tensão de tração ocorrerá no ponto mais distante à LN com coordenadas iguais a y = –1,727 cm e z = –6 cm.

$$\sigma_{\text{máx tração}} = -\frac{80000}{0,0044} + \frac{3462 \cdot 0,06}{294,7 \cdot 10^{-8}} - \frac{2182 \cdot 0,01727}{567,4 \cdot 10^{-8}} = -18,18 + 63,84$$

$$\sigma_{\text{máx tração}} = \boxed{+45,7 \text{ MPa}}$$

3.5 LINHA ELÁSTICA EM VIGAS

A Linha Elástica em vigas é definida como a linha que descreve as mudanças de configuração de um elemento reticulado submetido à flexão. A Linha Elástica é representada por equações que descrevem os deslocamentos e as rotações em todos os pontos da viga.

Na Figura 3.13 é apresentada a Linha Elástica de uma viga engastada, submetida à flexão positiva (tracionando as fibras inferiores). O ângulo θ define a rotação da viga em relação ao eixo longitudinal e o deslocamento vertical da viga em relação ao eixo longitudinal é definido pelo parâmetro v. O ângulo de rotação é positivo no sentido anti-horário (considerando-se a orientação dos eixos X e Y utilizada).

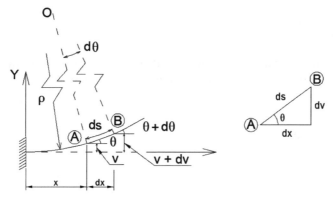

FIGURA 3.13 Cinemática de uma viga engastada sujeita à flexão positiva e detalhes das componentes de deslocamento em um trecho infinitesimal.

Para dois pontos A e B muito próximos, tem-se:

$$d\theta \cong \text{tg}(d\theta) = \frac{ds}{\rho}$$

Lembrando-se da definição de curvatura (κ), tem-se:

$$\kappa = \frac{1}{\rho} = \frac{d\theta}{ds}$$

Para o caso de pequenas rotações ($ds \cong dx$), tem-se:

$$\theta \cong \text{tg}(\theta) = \frac{dv}{dx}$$

$$\boxed{\kappa = \frac{d\theta}{dx} = \frac{d^2v}{dx^2}} \tag{3.22}$$

Da relação momento-curvatura, Equação (3.7), obtém-se a equação diferencial da Linha Elástica.

$$\kappa = \frac{M}{EI} = \frac{d^2v}{dx^2}$$

$$\boxed{M = EIv''} \tag{3.23}$$

Para o caso da cinemática de Bernoulli-Euler, tem-se a relação entre deslocamento vertical e giro dada pela seguinte equação diferencial:

$$\boxed{v' = \theta = \frac{dv}{dx}} \tag{3.24}$$

Considerando-se relação cortante-momento ($V = dM/dx$), é possível escrever a Equação (3.23) em termos do esforço cortante. Para o caso de vigas prismáticas, tem-se:

$$\boxed{EIv''' = V} \tag{3.25}$$

$$EIv^{iv} = \frac{dV}{dx} = -q \quad (3.26)$$

A Equação (3.23) foi obtida pelo equilíbrio de um trecho infinitesimal de viga com força distribuída aplicada, conforme ilustrado na Figura 3.14.

$$\sum F_{verticais} = 0$$
$$V - qdx - (V + dV) = 0$$
$$-q = \frac{dV}{dx} \quad (3.27)$$

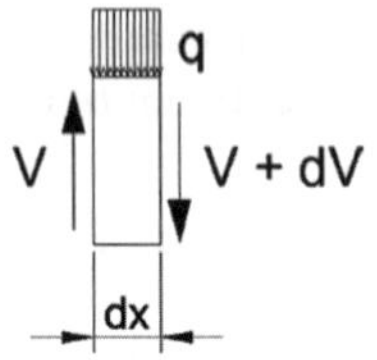

FIGURA 3.14 Equilíbrio de forças verticais atuantes em um trecho infinitesimal de viga.

Para vigas não prismáticas homogêneas, é necessário usar as relações diferenciais que consideram as possíveis variações no momento de inércia da viga.

$$V = \frac{d}{dx}\left(EI(x)\frac{d^2v}{dx^2}\right) \quad (3.28)$$

$$-q = \frac{d^2}{dx^2}\left(EI(x)\frac{d^2v}{dx^2}\right) \quad (3.29)$$

3.5.1 Método da integração direta

O método da integração direta consiste em integrar as equações diferenciais das Linhas Elásticas e aplicar as condições de contorno para os trechos integrados, visando encontrar as constantes de integração.

Há três tipos de condições que podem ser aplicadas para a definição das constantes de integração:

a) *Condições de apoio*: definidas pelos deslocamentos e rotações nos apoios. A Figura 3.15 ilustra um exemplo de condições de apoio.

$$\begin{cases} v_A = 0 \\ v'_A = \theta_A = 0 \end{cases}$$

FIGURA 3.15 Exemplos de condições de apoio usados para a definição da Linha Elástica.

b) *Condições de continuidade*: ocorrem em pontos comuns a dois trechos de integração. A Figura 3.16 ilustra um exemplo de condição de continuidade.

$$\begin{cases} v_B^{esq} = v_B^{dir} \\ v'_{Besq} = v'_{Bdir} \left(\theta_B^{esq} = \theta_B^{dir} \right) \end{cases}$$

FIGURA 3.16 **Exemplo de condição de continuidade usada para a definição da Linha Elástica.**

c) *Condições de simetria*: ocorrem em pontos de simetria estrutural (simetria física, geométrica e de ações aplicadas). A Figura 3.17 ilustra um exemplo de condição de simetria.

$v'_s = \theta_s = 0$ (devido às simetrias geométrica e de ações aplicadas)

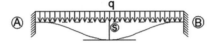

FIGURA 3.17 **Exemplo de condição de simetria usada para a definição da Linha Elástica.**

3.5.2 Método baseado no uso de funções singulares

O método baseado no uso de funções singulares[2] é uma alternativa interessante para simplificar os cálculos da Linha Elástica em trechos de vigas com mais de uma função momento, situação com mais de um trecho de integração direta. As funções singulares reduzem o número de equações e constantes de integração.

As funções singulares são definidas por:

$$\langle x - a \rangle^n = \begin{cases} (x-a)^n & \text{quando } x \geq a \\ 0 & \text{quando } x < a \end{cases} \quad (3.30)$$

Na Figura 3.18 são ilustradas três funções singulares, para o expoente "n" variando de zero a dois.

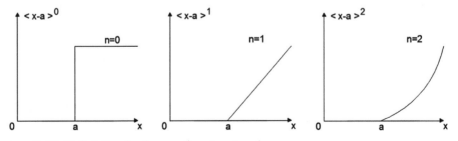

FIGURA 3.18 **Definições de algumas funções singulares.**

---
[2] Também conhecidas como funções de descontinuidade.

Como consequência da definição das funções singulares apresentadas na Equação (3.30), têm-se as seguintes operações integral e diferencial:

$$\int \langle x-a \rangle^n dx = \frac{1}{n+1} \langle x-a \rangle^{n+1} \quad \text{para } n \geq 0 \tag{3.31}$$

$$\frac{d}{dx} \langle x-a \rangle^n = n \langle x-a \rangle^{n-1} \quad \text{para } n \geq 1 \tag{3.32}$$

A Figura 3.19 apresenta três trechos de viga submetidos às diferentes ações aplicadas e suas respectivas funções singulares baseadas nos momentos fletores.

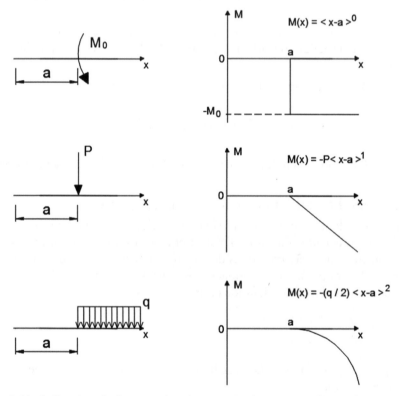

FIGURA 3.19 Aplicações de funções singulares para algumas condições de carregamento em trechos de vigas.

Mais detalhes sobre o uso desse tipo de função podem ser encontrados em Beer e Johnston (1989).

EXERCÍCIO RESOLVIDO 3.4

Pede-se determinar a equação da Linha Elástica da viga prismática engastada e calcular os maiores deslocamento e giro, com a aplicação de funções singulares. Dado: $EI = 10^4 \text{ kN} \cdot \text{m}^2$.

Flexão e linha elástica   133

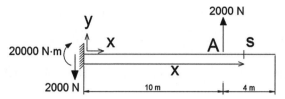

FIGURA 3.20 **Viga engastada com condição inicial de força aplicada e reações de apoio.**

Resolução

Após o cálculo das reações de apoio, deve-se montar a equação de momento fletor em uma seção genérica "S" ao longo da viga que represente a função momento nos dois trechos da viga através de uma função singular.

$$\circlearrowleft M_S^{esq} = 20000 - 2000 \cdot x + 2000 \langle x - 10 \rangle^1$$

A aplicação da equação da Linha Elástica (M = EIv") fornece:

$$20000 - 2000 \cdot x + 2000 \langle x - 10 \rangle^1 = 10^7 v''$$

Integrando-se duas vezes, têm-se as seguintes equações:

$$20000 \cdot x - 2000 \cdot \frac{x^2}{2} + \frac{2000}{2} \langle x - 10 \rangle^2 + c_1 = 10^7 v'$$

$$20000 \cdot \frac{x^2}{2} - 1000 \cdot \frac{x^3}{3} + \frac{1000}{3} \langle x - 10 \rangle^3 + c_1 \cdot x + c_2 = 10^7 v$$

Considerando-se a seguinte condição de contorno: $v'_{(x=0)} = 0 \Rightarrow c_1 = 0$, tem-se:

$$10^7 v' = 20000 \cdot x - 2000 \cdot \frac{x^2}{2} + \frac{2000}{2} \langle x - 10 \rangle^2$$

Considerando-se a seguinte condição de contorno: $v_{(x=0)} = 0 \Rightarrow c_2 = 0$, obtém-se a equação da Linha Elástica:

$$10^7 v = 20000 \cdot \frac{x^2}{2} - 1000 \cdot \frac{x^3}{3} + \frac{1000}{3} \langle x - 10 \rangle^3$$

Para o primeiro trecho da viga (0 ≤ x ≤ 10 m) tem-se a seguinte Linha Elástica:

$$\begin{cases} 10^3 v = x^2 - \dfrac{1}{30} x^3 \\ 10^3 v' = 2x - \dfrac{1}{10} x^2 \end{cases} \Rightarrow \begin{cases} v_{máx} = v_{(x=10m)} = 0{,}0667 \text{ m} \\ v'_{máx} = v'_{(x=10m)} = 0{,}01 \text{ rad} \end{cases}$$

Assim, os valores máximos de deslocamento e giro no ponto de aplicação da força são dados por $v_{máx} = 0{,}0667$ m e $v'_{máx} = 0{,}01$ rad.

Para o segundo trecho da viga (10 ≤ x ≤ 14 m), tem-se a seguinte Linha Elástica:

$$10^3 v = x^2 - \frac{x^3}{30} + \frac{1}{30}(x-10)^3 \Rightarrow \boxed{v = 0{,}01 \cdot x - 0{,}03333}$$

$$10^3 v' = 2 \cdot x - \frac{x^2}{10} + \frac{1}{10}(x-10)^2 (x-10)^2 \Rightarrow \boxed{v' = 0{,}01}$$

Assim, os valores máximos do deslocamento e giro na extremidade livre são dados por:

$$\begin{cases} v_{extremidade} = v_{(x=14m)} = 0{,}1067 \text{ m} \uparrow \\ v'_{extremidade} = v'_{(x=14m)} = 0{,}01 \text{ rad} \circlearrowleft \end{cases}$$

3.6 EXERCÍCIOS RESOLVIDOS
Flexão pura

3.6.1. Para a viga biapoiada da Figura 3.21A com material que possui tensão admissível de 60 MPa para tração e 150 MPa para compressão, calcule o máximo valor da carga distribuída "q", nas unidades de kN/m. A sua seção transversal é um perfil U, conforme figura.

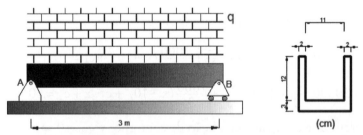

FIGURA 3.21A Viga biapoiada com carga distribuída e sua seção transversal.

Resolução

a) Determinando o diagrama de momento fletor, tem-se na Figura 3.21B:

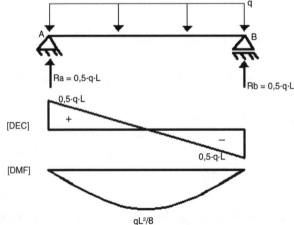

FIGURA 3.21B Diagramas de esforços da viga biapoiada com carga distribuída.

b) Obter características geométricas, conforme Figura 3.21C:

$$y_{CG} = \frac{2(y_{CG})_1 \cdot A_1 + (y_{CG})_2 \cdot A_2}{2A_1 + A_2} = \frac{2 \cdot (6 \cdot 12 \cdot 2) + 3 \cdot 15 \cdot 13{,}5}{2 \cdot 2 \cdot 12 + 13.15} = 9{,}63 \text{ cm}$$

$$(I_z)_{CG} = 2 \cdot [288 + (-3{,}63)^2 \cdot 24] + [33{,}75 + (3{,}87)^2 \cdot 45] = 1916{,}2 \text{ cm}^4 = 1916{,}2 \cdot 10^{-8} \text{ m}$$

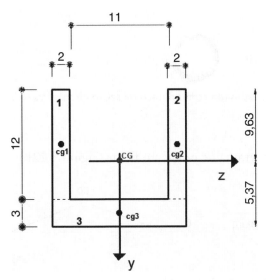

FIGURA 3.21C **Divisão da seção transversal para obter centroide e momento de inércia.**

c) Análise de tensões

Momento máximo ocorre na seção central e de valor: $M_{máx} = q \cdot 3^2/8 = 1{,}125q$

$$\sigma_{inf} = \frac{My_{inf}}{I_z} = \frac{1{,}125 \cdot q \cdot (0{,}0537)}{1916{,}2 \cdot 10^{-8}} \text{ (tração)} \rightarrow \frac{1{,}125q \cdot (0{,}0537)}{1916{,}2 \cdot 10^{-8}} \leq \sigma_{tração} = 60 \cdot 10^3 \text{ (kPa)}$$

$\rightarrow q \leq 19{,}0 \text{ (kN/m)}$

$$\sigma_{sup} = \frac{My_{sup}}{I_z} = \frac{1{,}125 \cdot q \cdot (-0{,}0963)}{1916{,}2 \cdot 10^{-8}} \text{ (compressão)}$$

$$\rightarrow \left| \frac{1{,}125 \cdot q \cdot (-0{,}0963)}{1916{,}2 \cdot 10^{-8}} \right| \leq \sigma_{compressão} = 150 \cdot 10^3 \text{ (kPa)}$$

$\rightarrow q \leq 26{,}5 \text{ (kN/m)}$

$\therefore q_{máx} = 19 \text{ kN/m}$

3.6.2. Para viga a seguir, obter o menor valor do diâmetro externo (d_e), da seção transversal que é circular e vazada, conforme Figura 3.22A, de modo que as tensões solicitantes não excedam os valores admissíveis de tração e compressão que são, respectivamente, 40 MPa e 150 MPa.

136   Resistência dos materiais

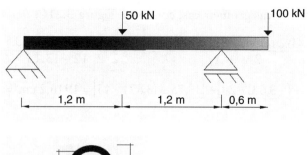

FIGURA 3.22A Viga biapoiada com balanço de seção circular vazada.

Resolução

a) Determinar o diagrama de momento fletor (Figura 3.22B):

FIGURA 3.22B Diagrama de momento fletor.

Obter características geométricas: O momento de inércia da seção circular é dado por: $I_z = \dfrac{\pi d^4}{64}$. Para o caso da seção vazada:

$$I_z = \frac{\pi(d_e^4 - d_i^4)}{64} = \frac{\pi\left[d_e^4 - (0,1 \cdot d_e)^4\right]}{64} = 0,049082 \cdot d_e^4$$

b) Análise de tensões: como a distância em relação às fibras superiores e inferiores são idênticas, basta verificar onde a tensão admissível é menor, ou seja, nas fibras tracionadas mais distantes do centroide:

$$\sigma_{sup} = \frac{My_{sup}}{I_z} = \frac{-60 \cdot (-d_e/2)}{0,049082 \cdot d_e^4} \text{(tração)} \leq \sigma_{tração} = 40 \cdot 10^3 \text{ (kPa)}$$

$$\rightarrow d_e \geq 0,248 \text{ (m)}$$

$$\therefore d_{emin} = 24,8 \text{ cm}$$

3.6.3. A viga a seguir é feita de um material onde suas tensões admissíveis são de 24 MPa e 30 MPa, respectivamente para tração e compressão. O momento M atua conforme desenho, determine o máximo valor de M. Utilize a seção transversal indicada no desenho.

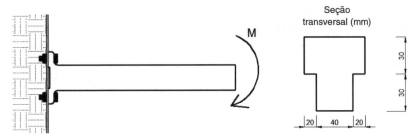

FIGURA 3.23A e B (a) **Viga em balanço com momento concentrado**; (b) seção transversal.

Resolução

a) O diagrama de momento fletor é constante negativo de valor M.
b) Obtendo as características geométricas:

$$y_{CG} = \frac{(y_{CG})_1 A_1 + (y_{CG})_2 A_2}{A_1 + A_2} = \frac{15 \cdot 2400 + 45 \cdot 1200}{2400 + 1200} = 25 \text{ mm}$$

$$(I_z)_{CG} = [180.000 + (-10)^2 \cdot 2400] + [90.000 + (20)^2 \cdot 1200] = 990.000 \text{ mm}^4$$

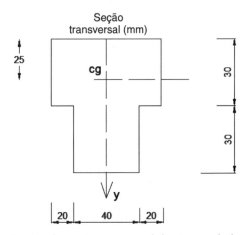

FIGURA 3.23C Dados obtidos da seção transversal da viga em balanço com momento concentrado.

c) Análise de tensões:

$$\sigma_{inf} = \frac{My_{inf}}{I_z} = \frac{-M \cdot (0,035)}{990 \cdot 10^{-9}} \text{(compressão)} \rightarrow \left| \frac{-M \cdot (0,035)}{990 \cdot 10^{-9}} \right| \leq \sigma_{compressão}$$

$$\rightarrow \frac{M \cdot (0,035)}{990 \cdot 10^{-9}} \leq 30 \cdot 10^3 \text{(kPa)} \rightarrow M \leq 0,85 \text{ kN} \cdot \text{m} = 848,6 \text{ N} \cdot \text{m}$$

$$\sigma_{sup} = \frac{My_{sup}}{I_z} = \frac{-M \cdot (-0,025)}{990 \cdot 10^{-9}} \text{(tração)} \rightarrow \frac{-M \cdot (-0,025)}{990 \cdot 10^{-9}} \leq \sigma_{tração}$$

$$\rightarrow \frac{M \cdot (0,025)}{990 \cdot 10^{-9}} \leq 24 \cdot 10^3 \text{(kPa)} \rightarrow M \leq 0,95 \text{ kN} \cdot \text{m} = 950,4 \text{ N} \cdot \text{m}$$

$$\therefore M_{máx} = 848,6 \text{ N} \cdot \text{m}$$

3.6.4. A estrutura de contenção está submetida a uma ação de empuxo do solo, onde a distribuição é linear de valores que variam de $q_1 = 10$ kN/m a $q_2 = 30$ kN/m, atuando na direção do eixo y, conforme Figura 3.24. Sabe-se que a altura L é 5 m, e a seção transversal da estrutura é retangular de dimensão h = 40 cm e d = 15 cm. Determine as máximas tensões normais de tração e compressão da estrutura. Desconsidere o peso próprio da estrutura.

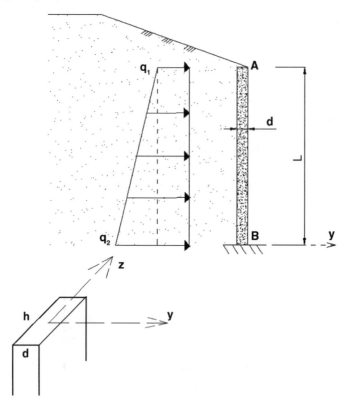

FIGURA 3.24 **Estrutura de contenção e sua geometria.**

Resolução

O maior momento fletor é na seção junto ao engaste, o qual pode ser obtido por equilíbrio, dividindo o carregamento trapezoidal em um trecho retangular e outro triangular, de modo que o momento é dado por: M = 208,33 kN.m. Assim, as tensões nessa seção são dadas por:

$$\sigma = \frac{My}{I_z} = \frac{-208,33 \cdot (-0,075)}{\frac{0,4 \cdot 0,15^3}{12}} = 138,89 \cdot 10^3 = 138,89 \text{ MPa (tração)}$$

$$\sigma = \frac{My}{I_z} = \frac{-208,33 \cdot (0,075)}{\frac{0,4 \cdot 0,15^3}{12}} = -138,89 \cdot 10^3 = -138,89 \text{ MPa (compressão)}$$

3.6.5. Um bloco retangular tem o peso desprezível e está submetido a uma força vertical P = 42 kN. Determinar o máximo valor da excentricidade e_y para que as tensões normais de compressão não sejam maiores que 350 kPa.

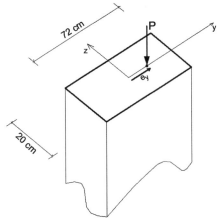

FIGURA 3.25 Bloco com força excêntrica.

Resolução

Pela figura, as regiões onde y > 0 estão comprimidas, assim, devem-se restringir seus valores extremos:

$$\sigma_{\text{compressão}} = \left| -\frac{Pe_y \cdot (0,36)}{\dfrac{0,2 \cdot 0,72^3}{12}} - \frac{P}{0,2 \cdot 0,72} \right| \leq \overline{\sigma}_{\text{compressão}} = 350 \rightarrow e_y \leq 2,4 \cdot 10^{-2}\,\text{m}$$

Portanto: $e_y = 204$ m

3.6.6. Obter o máximo valor admissível de P para a estrutura da Figura 3.26A e B. Admita que o cabo CD esteja preso em C no centroide da seção da viga AB. Dados para a viga AB: H = 3m, L1 = 1 m, L2 = 4 m, t = 25 mm, d = 100 mm, b = 125 mm, $\overline{\sigma}_T$ = 250 MPa, $\overline{\sigma}_C$ = 100 MPa. Dados para o cabo: $\overline{\sigma}_T$ = 500 MPa e diâmetro = 10 mm.

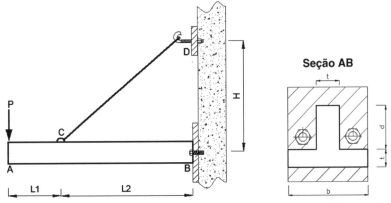

FIGURA 3.26 (a) Barra fixa na parede e no cabo; (b) seção transversal da barra AB.

Resolução

As características geométricas da seção são dadas por: $y_{CG} = 8,4722$ cm, $A_{cabo} = 0,7854$ cm².

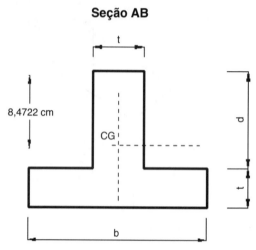

FIGURA 3.26C Posição do centroide (CG) da seção transversal.

$A_{AB} = 56,25$ cm² e $I_{ZCG} = 767,1441$ cm⁴. Os esforços da estrutura são obtidos por equilíbrio, e pelo desenho da Figura 3.26D devem-se verificar as tensões no cabo e na barra AB, nas seções imediatamente antes e depois de C, verificar:

i) Seção do cabo: $\sigma_{cabo} = \dfrac{N}{A} \leq \overline{\sigma}_T \rightarrow \dfrac{2,08P}{0,7854} \leq 50$ (kN/cm²) $\rightarrow P \leq 18,9$ kN

ii) Seção imediatamente antes de C:

$\sigma_{tração}^{AB} = \dfrac{My}{I_{ZCG}} \leq \overline{\sigma}_{tração} \rightarrow \dfrac{-100P \cdot (-8,4722)}{767,1441} \leq 25$ (kN/cm²) $\rightarrow P \leq 22,6$ kN

$\sigma_{comp}^{AB} = \dfrac{My}{I_{ZCG}} \leq \overline{\sigma}_{comp} \rightarrow \dfrac{-100P \cdot (4,0278)}{767,1441} \leq 10$ (kN/cm²) $\rightarrow P \leq 19,0$ kN

iii) Seção imediatamente depois de C:

$\sigma_{tração}^{AB} = \dfrac{My}{I_{ZCG}} + \dfrac{N}{A} \leq \overline{\sigma}_{tração} \rightarrow \dfrac{-100P \cdot (-8,4722)}{767,1441} - \dfrac{1,67P}{56,25} \leq 25$ (kN/cm²) $\rightarrow P \leq 23,3$ kN

$\sigma_{comp}^{AB} = \dfrac{My}{I_{ZCG}} + \dfrac{N}{A} \leq \overline{\sigma}_{tcomp} \rightarrow \dfrac{-100P \cdot (4,0278)}{767,1441} - \dfrac{1,67P}{56,25} \leq 10$ (kN/cm²) $\rightarrow P \leq 18,0$ kN

Portanto: $P_{máx} = 18,0$ kN

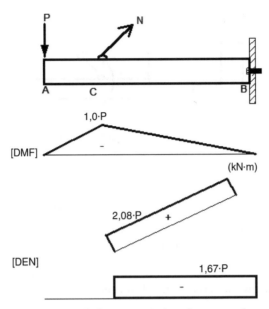

FIGURA 3.26D Corte e Diagramas da barra apoiada e fixa por cabo.

3.6.7. Para o exemplo 3.6.6, considere agora que o cabo esteja preso ao topo da seção AB, no seu eixo de simetria.

Resolução

Nessa situação, existe excentricidade da força normal na seção em C (Figura 3.27). Dessa forma, os diagramas de esforço normal e momento fletor estão indicados na Figura 3.27. Fazendo a verificação das tensões no cabo e na barra AB nas seções imediatamente antes e depois de C, tem-se:

i) Seção do cabo:

$$\sigma_{cabo} = \frac{N}{A} \leq \overline{\sigma}_T \rightarrow \frac{2,01P}{0,7854} \leq 50 \ (kN/cm^2) \rightarrow P \leq 19,5 \ kN$$

ii) Seção imediatamente antes de C:

$$\sigma_{tração}^{AB} = \frac{My}{I_{ZCG}} \leq \overline{\sigma}_{tração} \rightarrow \frac{-100P \cdot (-8,4722)}{767,1441} \leq 25 \ (kN/cm^2) \rightarrow P \leq 22,6 \ kN$$

$$\sigma_{comp}^{AB} = \frac{My}{I_{ZCG}} \leq \overline{\sigma}_{comp} \rightarrow \frac{-100P \cdot (4,0278)}{767,1441} \leq 10 \ (kN/cm^2) \rightarrow P \leq 19,0 \ kN$$

iii) Seção imediatamente depois de C:

$$\sigma_{tração}^{AB} = \frac{My}{I_{ZCG}} + \frac{N}{A} \leq \overline{\sigma}_{tração} \rightarrow \frac{-82,95P \cdot (-8,4722)}{767,1441} - \frac{1,61P}{56,25} \leq 25 \ (kN/cm^2) \rightarrow P \leq 28,2 \ kN$$

$$\sigma_{comp}^{AB} = \frac{My}{I_{ZCG}} + \frac{N}{A} \leq \overline{\sigma}_{tcomp} \rightarrow \frac{-82,95P \cdot (4,0278)}{767,1441} - \frac{1,61P}{56,25} \leq 10 \ (kN/cm^2) \rightarrow P \leq 21,5 \ kN$$

Portanto: $P_{máx} = 19,0$ kN

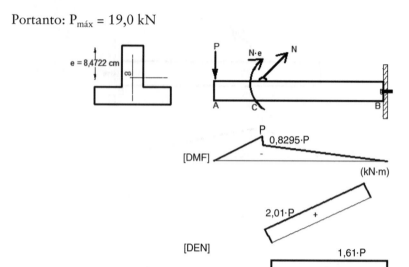

FIGURA 3.27 Diagramas com excentricidade do cabo.

3.6.8. Para a viga em balanço (Figura 3.28), determinar a carga máxima de cada peso do conjunto corrente/engrenagem (P) que podem ser suportadas com segurança pela viga, se a tensão normal admissível for 170 MPa para tração e 250 MPa para compressão. Adote L1 = L2 = 2 m, t = 15mm, h = d = 150 mm.

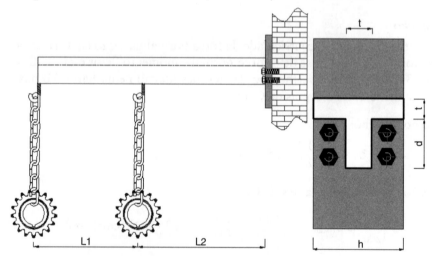

FIGURA 3.28A e B (a) Viga em balanço sujeita aos pesos de rodas dentadas; (b) seção transversal da viga em balanço sujeita aos pesos de rodas dentadas.

Resolução

As características geométricas da seção são dadas por: $y_{CG} = 48,75$ cm, e $I_{ZCG} = 1,19118 \cdot 10^{-5}$ m^4 conforme indicada na Figura 3.28C. O maior momento ocorre na seção junto ao engaste, de valor $M = -P \cdot (L1 + 2L2) = -6 \cdot P$ (tração nas fibras superiores). Dessa maneira:

$$\sigma_{\text{tração}} = \frac{My}{I_{ZCG}} \le \overline{\sigma}_{\text{tração}} \to \frac{-6P \cdot (-0,04875)}{1,1918 \cdot 10^{-5}} \le 170 \cdot 10^3 \quad P \le 6,93 \text{ kN}$$

$$\sigma_{\text{comp.}} = \frac{My}{I_{ZCG}} \le \overline{\sigma}_{\text{comp.}} \to \frac{-6P \cdot (0,11625)}{1,1918 \cdot 10^{-5}} \le 250 \cdot 10^3 \quad P \le 4,27 \text{ kN}$$

Portanto: $P_{\text{máx}} = 4,3$ kN

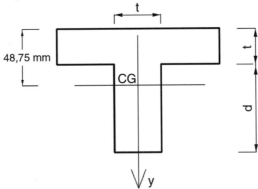

FIGURA 3.28C **Posição do centroide da seção transversal.**

3.6.9. O poste da Figura 3.29A está engastado no solo e tem uma força concentrada aplicada, devido ao peso dos cabos de energia elétrica, de P = 5 kN, aplicado no centroide (CG), mas inclinado com a vertical em um ângulo de θ = 30°. A seção transversal (ST) do poste é indicada na figura. A força P e as cotas das distâncias R e L estão com referência ao CG da ST. Obtenha as tensões normais nos pontos A e B da ST. Adote R = 1,5 m e L = 2,5 m.

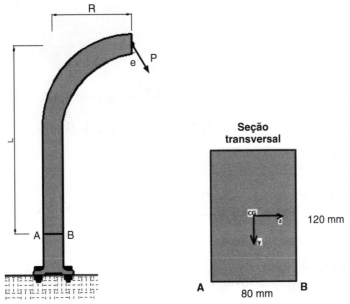

FIGURA 3.29A **Poste engastado sujeito ao peso de cabo elétrico e sua seção transversal.**

a) Obtendo os esforços na seção de interesse: F = Pcos(θ) = 4,33 kN; H = Psen(θ) = 2,5 kN. Na seção AB, os esforços são: N = –F = – 4,33 kN; M_y = – H · L – F · R = – 2,5 · 2,5 – 4,33 · 1,5 = –12,75 kN · m (tracionando as fibras do lado esquerdo da seção)

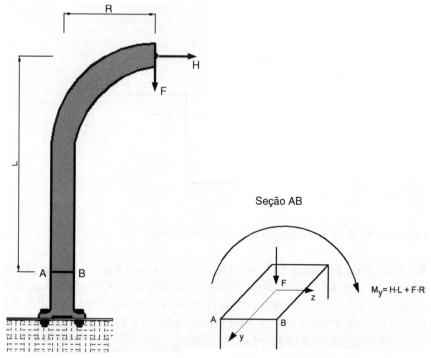

FIGURA 3.29B Forças nos eixos horizontal e vertical e esforços na seção AB.

a) Características geométricas:

Área da seção: A = 0,08 · 0,12 = 0,0096 m²

Momento de inércia: $I_y = \dfrac{bh^3}{12} = \dfrac{0,12 \cdot 0,08^3}{12} = 5,12 \cdot 10^{-6}$ m⁴

b) Análise de tensões. A Fórmula da Flexão Oblíqua é dada por:

$$\sigma = \frac{M_z y}{I_z} + \frac{M_y z}{I_y} + \frac{N}{A} = \frac{M_y z}{I_y} + \frac{N}{A}$$

$$\sigma_A = \frac{(-12,75) \cdot (-0,04)}{5,12 \cdot 10^{-6}} + \frac{-4,33}{0,0096} = 99.609,4 - 451 = 99.158,4 \text{ kN/m}^2$$

$\sigma_A = 99,2$ MPa

$$\sigma_B = \frac{(-12,75) \cdot (0,04)}{5,12 \cdot 10^{-6}} + \frac{-4,33}{0,0096} = -99.609,4 - 451 = -100.060,4 \text{ kN/m}^2$$

$\sigma_B = -100,1$ MPa

3.6.10. O pilar está engastado e uma força P é aplicada a uma distância "*e*" do CG sobre o eixo de simetria da seção no seu lado positivo, conforme Figura 3.30A. Determine o máximo valor dessa excentricidade "*e*", de modo que as tensões normais de tração no pilar não superem 100 MPa. Considere L = 1500 mm e P = 2 kN.

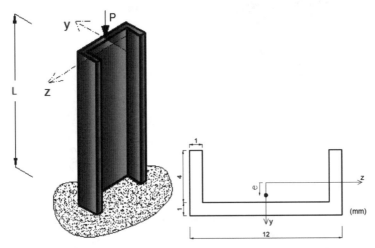

FIGURA 3.30A e B (a) **Pilar engastado submetido à força excêntrica;** (b) **seção transversal com seus eixos.**

Resolução

As características geométricas da seção são dadas por: y_{CG} = 1,5 mm, A = 20 mm², e I_{ZCG} = 41,67 mm⁴ (Figura 3.30C). Junto ao engaste, os esforços que atuam são os máximos, de modo que a tensão de tração pode ser avaliada como:

$$\sigma_{tração} = \frac{My}{I_{ZCG}} + \frac{N}{A} \leq \overline{\sigma}_{tração} \rightarrow \frac{2 \cdot e \cdot (3,5/1000)}{41,67 \cdot 10^{-12}} - \frac{2}{20 \cdot 10^{-6}} \leq 100 \cdot 10^3 \rightarrow e \leq 1,19 \text{ mm}$$

Portanto: $e_{máx}$ = 1,2 mm

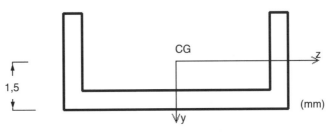

FIGURA 3.30C **Posição do centroide da seção.**

3.6.11. Para a corrente da Figura 3.31, obtenha o menor valor do diâmetro "*d*" da corrente, de modo que atenda as condições de segurança no trecho reto de seu elo. Sabe-se que sua tensão de escoamento é 500 MPa, use um fator de segurança de 1,15, adote e = 1,5*d* e P = 128 kN.

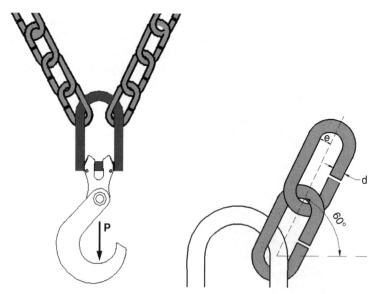

FIGURA 3.31A e B (a) Esquema das correntes com seus elos e força atuante no gancho; (b) detalhe dos elos.

Resolução

Suponha que o gancho esteja atuando no eixo de simetria da ligação com as correntes, dessa forma, a força normal que atua em uma delas é: $N \cdot \text{sen}(60°) = 64$ kN, e $N = 73,9$ kN. Pela figura, é um problema de flexão normal composta, uma vez que existe excentricidade entre o eixo do trecho reto do elo e o eixo de aplicação de N, assim, $h = e + 0,5d = 2d$, $M = Nh = 147,8d$, de modo que:

$$\sigma_{tração} = \frac{M \cdot d/2}{I} + \frac{N}{A} \leq \overline{\sigma} \rightarrow \frac{147,8d \cdot (d/2)}{\frac{\pi d^4}{64}} + \frac{73,9}{\frac{\pi d^2}{4}} \leq \frac{500 \cdot 10^3}{1,15} \rightarrow d \geq 60,65 \text{ mm}$$

Portanto: $d_{min} = 60,6$ mm

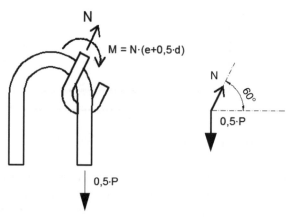

FIGURA 3.31C Representação dos esforços na seção reta.

3.6.12. Na barra a seguir, mediram-se com extensômetros as deformações em dois pontos (A e B), conforme indicados nas Figuras 3.32A e 3.32B, com h = 20 cm. Determine — com o uso desses valores — a força (P) e sua posição "*e*" aplicada no eixo de simetria vertical no extremo direito da viga. A sua seção transversal é um retângulo de largura e altura, respectivamente, de 12 e 80 cm, e seu material tem propriedades de E = 210 GPa e ν = 0,30. Considere estado plano de tensões.

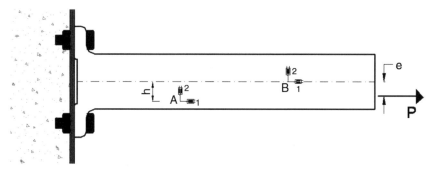

FIGURA 3.32 (a) Viga engastada com as localizações dos extensômetros; (b) valores de deformações medidos nas rosetas.

Resolução

Para o ponto A, tem-se para o estado plano de tensões a seguinte relação constitutiva:

$$\sigma_x = \frac{E}{(1-\nu^2)}(\varepsilon_x + \nu\varepsilon_y) = \frac{210 \cdot 10^6}{(1-0,3^2)}\left(1,1471 \cdot 10^{-4} - 0,3 \cdot 3,4412 \cdot 10^{-5}\right)$$

$$\sigma_x = 24 \cdot 089,2 \text{ kPa}$$

Para o ponto B, tem-se:

$$\sigma_x = \frac{210 \cdot 10^6}{(1-0,3^2)}\left(4,9603 \cdot 10^{-5} - 0,3 \cdot 1,4881 \cdot 10^{-5}\right) = 10.416,6 \text{ kPa}$$

O ponto B está na linha do CG, assim, a tensão normal é dada por:

$$\sigma_x = \frac{N}{A} = \frac{P}{0,12 \cdot 0,8} = 10.416,6 \to P = 1000 \text{ kN}$$

A tensão que mobiliza a seção em A é devida à flexão normal composta, dada por:

$$\sigma_x = \frac{Peh}{I} + \frac{N}{A} = \frac{1000 \cdot e \cdot (0,2)}{\frac{0,12 \cdot 0,8^3}{12}} + \frac{1000}{0,12 \cdot 0,8} = 24.089,2 \to e = 0,35 \text{ m}$$

Portanto: P = 1000 kN e = 35 cm

Vigas compostas

3.6.13. Para o Exercício 3.6.4, considere a seção transversal da Figura 3.33A. Adote: h = 1000 mm e d1 = 30 mm, d2 = 90 mm, com d1 + d2 = b, $E_{argamassa}$ = 6,9 GPa e $E_{alvenaria}$ = 13,8 GPa.

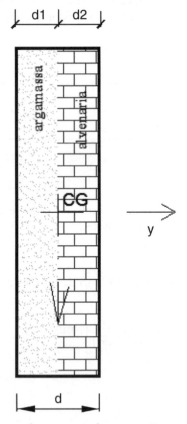

FIGURA 3.33A Seção composta da estrutura de contenção.

Resolução

A seção transformada é homogeneizada para a argamassa, assim: $\eta = \dfrac{6,9}{13,8} = 0,5$, de modo que a largura da alvenaria fica alterada para: $h_{alv} = \dfrac{1000}{0,5} = 2000$ mm. As características geométricas da nova seção (Figura 3.33B) são dadas por: $y_{CG} = 6,6429$ cm e $I_{ZCG} = 21.632,14$ cm^4.

Assim, as tensões nos pontos A e B na argamassa são dadas por:

$$\sigma = \frac{My}{I_z} = \frac{-208,33 \cdot (-0,06429)}{21.632,14 \cdot 10^{-8}} = 61.915 \cdot 10^3 = 61,92 \text{ MPa (tração)}$$

$$\sigma_B = \frac{My}{I_z} = \frac{-208,33 \cdot (-0,036429)}{21.632,14 \cdot 10^{-8}} = 35,08 \text{ MPa (tração)}$$

As tensões nos pontos B e C na alvenaria são dadas por:

$$\sigma_B = \frac{35,08}{0,5} = 70,16 \text{ MPa (tração)}$$

$$\sigma_C = \frac{-208,33 \cdot (0,053571)}{21.632,14 \cdot 10^{-8}} \cdot \frac{1}{0,5} = -103,18 \text{ MPa (compressão)}.$$

Sua distribuição é indicada na Figura 3.33C.

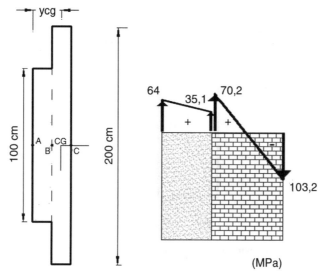

FIGURA 3.33B e C (b) Seção transformada e seu centroide; (c) distribuição de tensões na seção composta.

3.6.14. Para o Exercício 3.6.8, obtenha o máximo valor de P, adotando agora a seção composta (Figura 3.34A). Adote: t = 30 mm, d = h = 300 mm $E_{aço}$ = 210 GPa, $E_{alumínio}$ = 80 GPa, $\overline{\sigma}_{aço}$ = 240 MPa e $\overline{\sigma}_{alumínio}$ = 400 MPa.

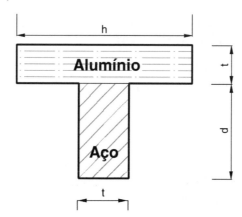

FIGURA 3.34A Seção composta da viga em balanço sujeita aos pesos de rodas dentadas.

Resolução

A seção transformada é homogeneizada para o alumínio, assim: $\eta = \dfrac{80}{210} = 0,381$, de modo que as larguras das regiões do aço fica alterada para: $t_{aço} = \dfrac{30}{0,381} = 78,75$ mm. As características geométricas da nova seção (Figura 3.34B) são dadas por: $y_{CG} = 134,48$ cm e $I_{ZCG} = 355.294.396,5$ mm^4.

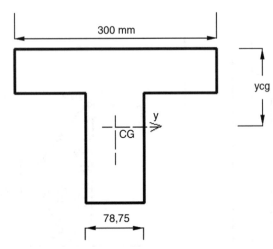

FIGURA 3.34B Seção transformada e seu centroide.

Assim, a tensão máxima no alumínio é no ponto A:

$$\sigma_A = \dfrac{My}{I_z} = \dfrac{6P \cdot (0,13448)}{355.294.396,5 \cdot 10^{-12}} \leq \overline{\sigma}_t = 400 \cdot 10^3 \rightarrow P \leq 176,1 \text{ kN}$$

Verificando as tensões nos pontos B e C no aço:

$$\sigma_B = \dfrac{6P \cdot (0,10448)}{355.294.396,5 \cdot 10^{-12}} \cdot \dfrac{1}{0,381} \leq \overline{\sigma}_t = 240 \cdot 10^3 \rightarrow P \leq 51,8 \text{ kN}$$

$$\sigma_C = \dfrac{6P \cdot (0,19552)}{355.294.396,5 \cdot 10^{-12}} \cdot \dfrac{1}{0,381} \leq \overline{\sigma}_t = 240 \cdot 10^3 \rightarrow P \leq 27,7 \text{ kN}$$

Portanto: $P_{máx} = 27,7$ kN

3.6.15. Para o Exercício 3.6.8, obtenha o máximo valor de P, adotando agora a seção composta (Figura 3.35A). Adote: b = 120 mm, h1 = h3 = 50 mm, h2 = 400 mm, $E_{aço}$ = 240 GPa, $E_{madeira}$ = 10 GPa, E_{cobre} = 100 GPa, $\overline{\sigma}_{aço}$ = 240 MPa, $\overline{\sigma}_{cobre}$ = 80 MPa e $\overline{\sigma}_{madeira}$ 8 MPa.

Flexão e linha elástica 151

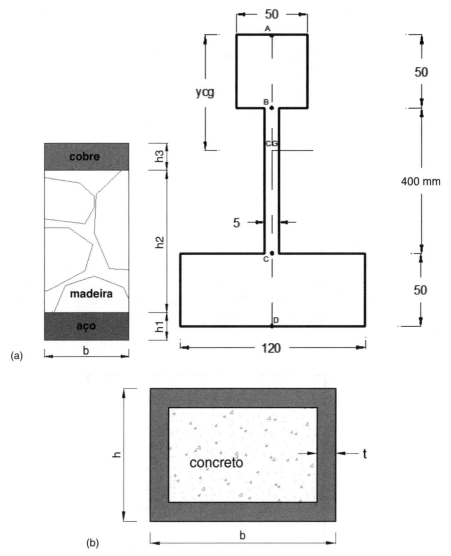

FIGURA 3.35 (a) Seção retangular composta por três materiais; (b) seção transformada e seu centroide.

Resolução

A seção transformada é homogeneizada para o aço, assim: $\eta_{cobre/aço} = \frac{100}{240} = 0,417$ e $\eta_{madeira/aço} = \frac{100}{240} = 0,417$, de modo que a largura da região do cobre e madeira fique alterada para: $b_{cobre} = 0,417 \cdot 120 = 50$ mm e $b_{madeira} = 0,0417 \cdot 120 = 5$ mm. As características geométricas da nova seção (Figura 3.35B) são dadas por: $y_{CG} = 325$ mm e $I_{ZCG} = 399.687.500$ mm^4.

Assim, avaliar as tensões nos pontos A, B, C e D (Figura 3.35B) da seção crítica:

$$\sigma_A = \frac{My}{I_z}\eta_{cobre/aço} = \frac{6P \cdot (0,325)}{399.687.500 \cdot 10^{-12}} \cdot 0,417 \le \overline{\sigma}_{cobre} = 80 \cdot 10^3 \to P \le 39,3 \text{ kN}$$

$$\sigma_B = \frac{My}{I_z}\eta_{madeira/aço} = \frac{6P \cdot (0,275)}{399.687.500 \cdot 10^{-12}} \cdot 0,0417 \le \overline{\sigma}_{madeira} = 8 \cdot 10^3 \to P \le 46,5 \text{ kN}$$

$$\sigma_C = \frac{My}{I_z}\eta_{madeira/aço} = \frac{6P \cdot (0,125)}{399.687.500 \cdot 10^{-12}} \cdot 0,0417 \le \overline{\sigma}_{madeira} = 8 \cdot 10^3 \to P \le 102,3 \text{ kN}$$

$$\sigma_D = \frac{My}{I_z} = \frac{6P \cdot (0,175)}{399.687.500 \cdot 10^{-12}} \le \overline{\sigma}_{aço} = 240 \cdot 10^3 \to P \le 91,4 \text{ kN}$$

Portanto: $P_{máx} = 39,3$ kN

3.6.16. Para o Exercício 3.6.8, obtenha máximo valor de P, adotando agora a seção composta (Figura 3.36A). Adote: h = 150 mm, b = 250 mm, t = 25 mm, $E_{aço}$ = 240 GPa, $E_{concreto}$ = 22 GPa, $\overline{\sigma}_{aço}$ = 240 MPa, $\overline{\sigma}_{concreto}$ = 5 MPa, (tração) e $\overline{\sigma}_{concreto}$ = 30 MPa (compressão).

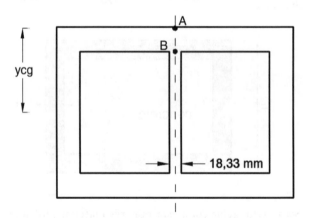

FIGURA 3.36 (a) Seção retangular de aço e concreto; (b) seção transformada e seu centroide.

Resolução
A seção transformada é homogeneizada para o aço, assim: $\eta = \frac{22}{240} = 0,0917$, de modo que a largura da região do concreto fica alterada para: $b_{concreto} = \frac{200}{0,0917} = 18,33$ mm.
As características geométricas da nova seção (Figura 3.36B) são dadas por: y_{CG} = 75 mm e I_{ZCG} = 55.173.611,8 m⁴.
Assim, avaliar as tensões nos pontos A e B (Figura 3.36B) da seção crítica, uma vez que as tensões de compressão do concreto é maior que a de tração e as tensões do aço são as mesmas:

$$\sigma_A = \frac{My}{I_z} = \frac{6P \cdot (0,075)}{55.173.611,8 \cdot 10^{-12}} \leq \overline{\sigma}_{aço} = 240 \cdot 10^3 \rightarrow P \leq 29,4 \text{ kN}$$

$$\sigma_B = \frac{My}{I_z} = \frac{6P \cdot (0,050)}{55.173.611,8 \cdot 10^{-12}} \cdot 0,0917 \leq \overline{\sigma}_{concreto} = 5 \cdot 10^3 \rightarrow P \leq 10 \text{ kN}$$

Portanto: $P_{máx} = 10$ kN

Flexão assimétrica

3.6.17. A viga a seguir está sujeita a uma força de P = 40 kN aplicada em um dos vértices de sua seção transversal retangular (Figura 3.37A). Essa força é paralela ao eixo x da viga. Obter os valores das tensões normais nos pontos A, B, C e D. A largura da viga é b = 40 cm, e sua altura é h = 80 cm.

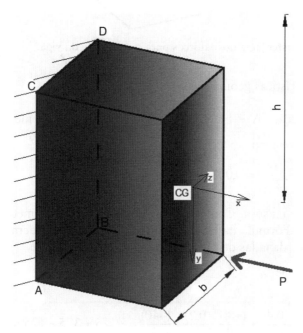

FIGURA 3.37A **Perspectiva da geometria da viga com a força excêntrica.**

Resolução

a. Determinar os esforços com relação ao centroide da seção transversal ABCD (Figura 3.37B). N = – P (compressão); M_y = –Pb/2 (traciona o lado negativo de z); M_z = –Ph/2 (traciona o lado negativo de y); N = –40 kN; M_y = – 8 kN · m; M_z = – 16 kN · m.

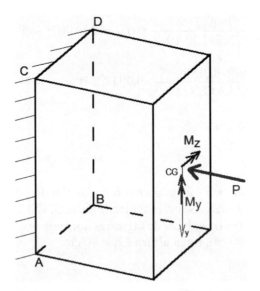

FIGURA 3.37B Transferência dos esforços para o centroide da viga.

b. Obter características geométricas:

Área da seção: A = bh = 0,32 m². Os momentos de inércia da seção retangular em relação ao centroide são: $I_z = \dfrac{bh^3}{12} = \dfrac{0,4 \cdot 0,8^3}{12} = 0,017067$ m⁴ e $I_y = \dfrac{hb^3}{12} = \dfrac{0,8 \cdot 0,4^3}{12} = 0,004267$ m⁴

c. Obtenção das tensões. Como a seção tem um eixo de simetria, pode-se usar diretamente a Fórmula da Flexão oblíqua. Levar em consideração os sinais dos esforços e coordenadas de cada posição da fibra em análise.

$$\sigma = \dfrac{M_z y}{I_z} + \dfrac{M_y z}{I_y} + \dfrac{N}{A}$$

$$\sigma_A = \dfrac{-16 \cdot 0,4}{0,017067} + \dfrac{(-8) \cdot (-0,2)}{0,004267} + \dfrac{(-40)}{0,32} = -375 + 375 - 125 = -125 \text{ kPa}$$

$$\sigma_B = \dfrac{-16 \cdot 0,4}{0,017067} + \dfrac{(-8) \cdot (0,2)}{0,004267} + \dfrac{(-40)}{0,32} = -375 - 375 - 125 = -875 \text{ kPa}$$

$$\sigma_C = \dfrac{-16 \cdot (-0,4)}{0,017067} + \dfrac{(-8) \cdot (-0,2)}{0,004267} + \dfrac{(-40)}{0,32} = 375 + 375 - 125 = 625 \text{ kPa}$$

$$\sigma_D = \dfrac{-16 \cdot (-0,4)}{0,017067} + \dfrac{(-8) \cdot (0,2)}{0,004267} + \dfrac{(-40)}{0,32} = 375 - 375 - 125 = -125 \text{ kPa}$$

3.6.18. Do Exercício 3.6.9, considere que o cabo esteja fixo pelo ponto indicado na Figura 3.38A, com θ = 30°.

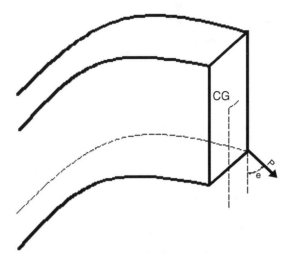

FIGURA 3.38A Perspectiva da aplicação da força excêntrica no poste.

Resolução

Características geométricas: Área da seção: A = 0,08 · 0,12 = 0,0096 m². Momentos de inércia:

$$I_y = \frac{bh^3}{12} = \frac{0,12 \cdot 0,08^3}{12} = 5,12 \cdot 10^{-6} \text{ m}^4;$$

$$I_z = \frac{bh^3}{12} = \frac{0,08 \cdot 0,12^3}{12} = 1,152 \cdot 10^{-5} \text{ m}^4$$

a) Análise de tensões, pela Figura 3.38B, tem-se flexão oblíqua:

Fórmula da Flexão oblíqua:

$$\sigma = \frac{M_z \cdot y}{I_z} + \frac{M_y \cdot z}{I_y} + \frac{N}{A} = \frac{M_y \cdot z}{I_y} + \frac{N}{A}$$

$$\sigma_A = \frac{(-12,75) \cdot (-0,04)}{5,12 \cdot 10^{-6}} + \frac{(0,1732) \cdot (0,06)}{1,15 \cdot 10^{-5}} + \frac{-4,33}{0,0096} = 100,1 \text{ MPa}$$

$$\sigma_B = \frac{(-12,75) \cdot (0,04)}{5,12 \cdot 10^{-6}} + \frac{(0,1732) \cdot (0,06)}{1,15 \cdot 10^{-5}} + \frac{-4,33}{0,0096} = -99,2 \text{ MPa}$$

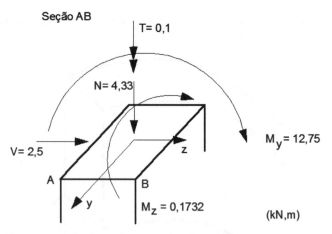

FIGURA 3.38B Representação dos esforços na seção AB do poste.

3.6.19. Para o pilar soldado numa chapa fixa, as forças F e P = 50 kN atuam paralelos aos eixos x e z, respectivamente. A força F atua no ponto A do perfil e P no seu centroide. Sabendo que a tensão normal admissível é 220 MPa para tração e 280 MPa para compressão, determine o maior valor de F e da altura do pilar. Adote t = 20 mm, h = 120 mm.

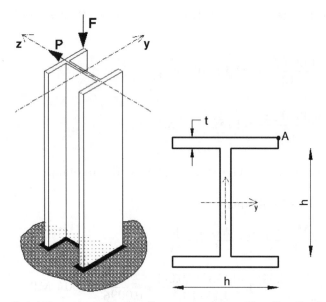

FIGURA 3.39A e B (a) Representação do pilar engastado com localização das forças atuantes; (b) seção transversal do pilar e posição da força F.

Resolução

Área da seção: A = 0,0072 m². Os momentos de inércia em relação ao seu CG são: I_z = 5.840 · 10³ mm⁴ e I_y = 26.560 · 10³ mm⁴. Devem-se realizar duas verificações: a) na seção de aplicação das ações; b) na seção junto ao engaste.

Na seção de aplicação das ações. Pela Figura 3.39C, avaliam-se as tensões em A e B:

$$\sigma_A = \frac{(-0,06F) \cdot (0,06)}{5.840 \cdot 10^{-9}} + \frac{(-0,08F) \cdot (0,08)}{26.560 \cdot 10^{-9}} + \frac{-F}{0,0072} \leq \overline{\sigma}_{comp}$$

$$\sigma_A = \left| \frac{(-0,06F) \cdot (0,06)}{5.840 \cdot 10^{-9}} + \frac{(-0,08F) \cdot (0,08)}{26.560 \cdot 10^{-9}} + \frac{-F}{0,0072} \right| \leq 280 \cdot 10^3 \rightarrow F \leq 281,0 \text{ kN}$$

$$\sigma_B = \frac{(-0,06F) \cdot (-0,06)}{5.840 \cdot 10^{-9}} + \frac{(-0,08F) \cdot (-0,08)}{26.560 \cdot 10^{-9}} + \frac{-F}{0,0072} \leq \overline{\sigma}_{tra}$$

$$\sigma_B = \frac{(-0,06F) \cdot (-0,06)}{5.840 \cdot 10^{-9}} + \frac{(-0,08F) \cdot (-0,08)}{26.560 \cdot 10^{-9}} + \frac{-F}{0,0072} \leq 220 \cdot 10^3 \rightarrow F \leq 306,2 \text{ kN}$$

Na seção junto ao engaste. Chamando L o comprimento do pilar, pela Figura 3.39C:

$$\sigma_A = \frac{(-0,06F) \cdot (0,06)}{5.840 \cdot 10^{-9}} + \frac{(-0,08F) \cdot (0,08)}{26.560 \cdot 10^{-9}} + \frac{(-50 \cdot L) \cdot (0,08)}{26.560 \cdot 10^{-9}} + \frac{-F}{0,0072} \leq \overline{\sigma}_{comp}$$

$$\sigma_A = \left| \frac{(-0,06F) \cdot (0,06)}{5.840 \cdot 10^{-9}} + \frac{(-0,08F) \cdot (0,08)}{26.560 \cdot 10^{-9}} + \frac{(-50 \cdot L) \cdot (0,08)}{26.560 \cdot 10^{-9}} + \frac{-F}{0,0072} \right| \leq 280 \cdot 10^3$$

$996,29F + 150.602,41L \leq 280 \cdot 10^3$ (1)

$$\sigma_B = \frac{(-0,06F) \cdot (-0,06)}{5.840 \cdot 10^{-9}} + \frac{(-0,08F) \cdot (-0,08)}{26.560 \cdot 10^{-9}} + \frac{(-50L) \cdot (-0,08)}{26.560 \cdot 10^{-9}} + \frac{-F}{0,0072}$$

$\sigma_B = 718,51F + 150.602,41L \leq \overline{\sigma}_{tra} = 220 \cdot 10^3$ (2)

Resolvendo as inequações (1) e (2) simultaneamente: $F \leq 216$ kN
Substituindo na inequação (1) ou (2): $L \leq 0,43$ m;
Portanto: $F_{máx} = 216$ kN; $L_{máx} = 43$ cm

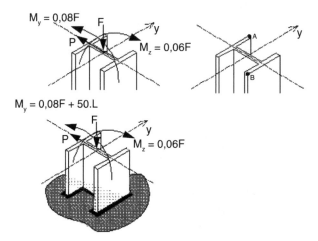

FIGURA 3.39C **Representação dos esforços na seção final e junto ao engaste do pilar.**

3.6.20. Do Exercício 3.6.19, considere a força P = 5 kN atuando na direção e sentido do eixo y.

Resolução
Usando os resultados do exemplo 3.6.19:
Na seção de aplicação das ações. Pela Figura 3.40, avaliar as tensões nos pontos A e B:

$$\sigma_A = \left| \frac{(-0,06F) \cdot (0,06)}{5.840 \cdot 10^{-9}} + \frac{(-0,08F) \cdot (0,08)}{26.560 \cdot 10^{-9}} + \frac{-F}{0,0072} \right| \leq 280 \cdot 10^3 \rightarrow F \leq 281,0 \text{ kN}$$

$$\sigma_B = \frac{(-0,06F) \cdot (-0,06)}{5.840 \cdot 10^{-9}} + \frac{(-0,08F) \cdot (-0,08)}{26.560 \cdot 10^{-9}} + \frac{-F}{0,0072} \leq 220 \cdot 10^3 \rightarrow F \leq 306,2 \text{ kN}$$

Na seção junto ao engaste. Chamando L o comprimento do pilar, pela Figura 3.40:

$$\sigma_A = \left| \frac{(-0,06F) \cdot (0,06)}{5.840 \cdot 10^{-9}} + \frac{(-0,08F) \cdot (0,08)}{26.560 \cdot 10^{-9}} + \frac{(-5L) \cdot (0,06)}{5.840 \cdot 10^{-9}} + \frac{-F}{0,0072} \right| \leq 280 \cdot 10^3$$

$$996,29F + 51.369,86L \leq 280 \cdot 10^3 \quad (1)$$

$$\sigma_B = \frac{(-0,06F) \cdot (-0,06)}{5.840 \cdot 10^{-9}} + \frac{(-0,08F) \cdot (-0,08)}{26.560 \cdot 10^{-9}} + \frac{(-5L) \cdot (-0,06)}{5.840 \cdot 10^{-9}} + \frac{-F}{0,0072}$$

$$\sigma_B = 718,51F + 51.369,86L \leq \overline{\sigma}_{tra} = 220 \cdot 10^3 \quad (2)$$

Resolvendo as inequações (1) e (2) simultaneamente: F ≤ 216 kN
Substituindo na inequação (1) ou (2): L ≤ 1,26 m
Portanto: $F_{máx}$ = 216 kN; $L_{máx}$ = 126 cm

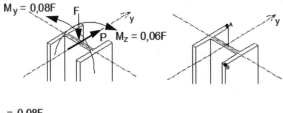

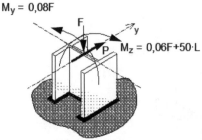

FIGURA 3.40 Representação dos esforços na seção final e junto ao engaste do pilar.

Linha elástica em vigas — Método da integração direta e funções de descontinuidade

3.6.21. Para a viga biapoiada a seguir, considere que o material e sua seção transversal sejam os mesmos, ou seja, adote EI = constante. Determine o deslocamento vertical (v) da seção central, a rotação nas seções dos apoios e do centro em termos de q, L, EI.

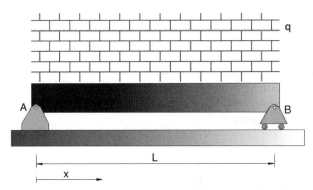

FIGURA 3.41A Viga biapoiada com carga distribuída devido à parede.

Resolução

a) Equação de momento: Determinação da equação no momento no trecho único, Figura 3.41B:

$$0 < x < L: \sum M_S = 0: \to M(x) + q \cdot x \cdot \frac{x}{2} - R_a \cdot x = 0 \to M(x) = -\frac{qx^2}{2} + \frac{qLx}{2}$$

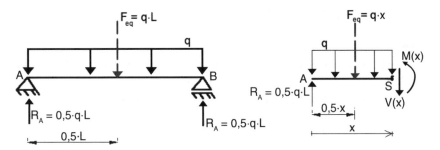

FIGURA 3.41B Representação das forças e reações, e corte genérico da viga biapoiada.

b) Calculando v(x): Sabendo que: $v''(x)EI = -M(x) = \frac{q}{2}[x^2 - Lx]$. E integrando duas vezes:

$$v(x)EI = \frac{q}{2}\left[\frac{x^4}{12} - \frac{Lx^3}{6}\right] + C_1 x + C_2$$

Condições de contorno: $v(0) = v(L) = 0$ (apoio) $\to C_1 = \frac{qL^3}{24}$; $C_2 = 0$.

Assim: $v(x) = \frac{q}{12EI}\left[\frac{x^4}{2} - Lx^3 + \frac{L^3}{12}\right]$

No meio do vão, o deslocamento vertical fica: $v(L/2) = \dfrac{5qL^4}{384EI}$.

A equação da rotação é dada por: $v'(x) = \dfrac{q}{2EI}\left[\dfrac{L \cdot x^3}{3} - \dfrac{L \cdot x^2}{2} + \dfrac{L^3}{12}\right]$ e nos extremos tem-se:

$$v'(0) = \theta(0) = \dfrac{qL^3}{24EI} \text{ (horário) e } v'(L) = \theta(L) = \dfrac{-qL^3}{24EI} \text{ (anti-horário)}$$

e no meio do vão: $v'(L/2) = \theta(L/2) = 0$

3.6.22. Para a viga da Figura 3.42: a) Determine a equação da linha elástica para a sua parte *AB* em termos de P, a e EI; b) Adotando P = 2,5 kN, a = 0,7m, E = 200 GPa e que sua seção transversal é circular de diâmetro de 40 mm; determinar o deslocamento vertical no ponto *B*.

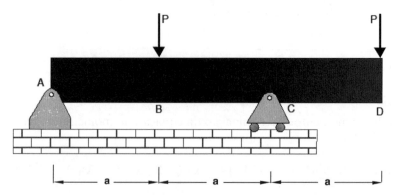

FIGURA 3.42 Viga biapoiada com balanço sujeita às forças concentradas.

Resolução

Por equilíbrio, as reações verticais são: $A_y = 0$ e $C_y = 2P$. Usando funções de descontinuidade para o trecho AC, pode-se escrever a equação do momento como: $M(x) = -P\langle x - a\rangle$. Assim: $v''(x)EI = -M(x)$, integrando uma e duas vezes:

$$v'(x)EI = 0{,}5P\langle x - a\rangle^2 + C_1 \text{ e } v(x)EI = \tfrac{P}{6}\langle x - a\rangle^3 + C_1 x + C_2$$

Com o uso das condições de contorno; $v(0) = v(2a) = 0$, chega-se a: $C_1 = -0{,}04083P$ e $C_2 = 0$. A equação da elástica fica então:

$$v(x) = \dfrac{P}{6EI}\left[\langle x - a\rangle^3 - 0{,}245 \cdot x\right]$$

E o deslocamento vertical em B é dado por:

$$v(x = 0{,}7) = \dfrac{2{,}5}{6{,}200 \cdot 10^6 \cdot \dfrac{\pi \cdot 0{,}04^4}{64}}[-0{,}245 \cdot 0{,}7] = -2{,}84 \cdot 10^{-3} \text{ m}$$

$$v(x = 0{,}7) = -2{,}84 \text{ mm}$$

3.6.23. Determine a equação da Linha Elástica da viga da Figura 3.43. Especifique a inclinação em A e o deslocamento em C. EI é constante.

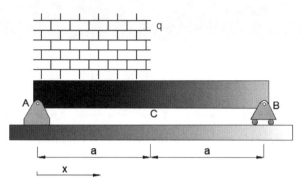

FIGURA 3.43 **Viga biapoiada sujeita à carga distribuída na metade de seu vão.**

Resolução

Por equilíbrio, as reações verticais são: $A_y = (0{,}75qa)$ e $B_y = (0{,}25qa)$. Usando as funções de descontinuidade, pode-se escrever a equação do momento como:

$$M(x) = 0{,}5q \langle x-a \rangle^2 + 0{,}75q\,a\langle x \rangle - 0{,}5q\langle x \rangle^2$$

Assim: $v''(x)\,EI = -M(x)$, e integrando uma e duas vezes:

$$v'(x)EI/q = -\tfrac{3}{8}a\langle x \rangle^2 - \tfrac{1}{6}\langle x-a \rangle^3 + \tfrac{1}{6}\langle x \rangle^3 + C_1$$

$$v(x)EI/q = -\tfrac{3}{8}\langle x \rangle^3 - \frac{\langle x-a \rangle^4}{24} + \frac{\langle x \rangle^4}{24} + C_1 x + C_2$$

Com o uso das condições de contorno; $v(0) = v(2a) = 0$, chega-se a: $C_1 = \dfrac{3}{16}a^3$ e $C_2 = 0$. Assim, a equação da Linha Elástica é dada por:

$$v(x) = \frac{q}{48EI}\left[-6a\langle x \rangle^3 - 2\langle x-a \rangle^4 + 2\langle x \rangle^4 + 9a^3\langle x \rangle\right]$$

A inclinação em A e o deslocamento em C são dadas por:

$$v'(x=0) = \frac{3qa^3}{16EI} \text{ (sentido horário)} \quad v(x=a) = \frac{5qa^4}{48EI}$$

3.6.24. Determinar o valor da força P de modo que o deslocamento vertical para baixo no extremo esquerdo da viga da Figura 3.44, v_c, seja de 1,0 mm. Dados: E = 200 GPa e que a seção transversal seja um retângulo de 12cm × 20 cm.

162 Resistência dos materiais

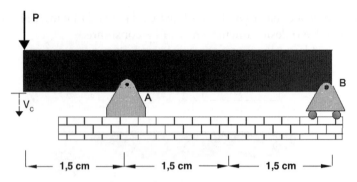

FIGURA 3.44 Viga biapoiada em balanço sujeita à força concentrada.

Resolução

Por equilíbrio, as reações verticais são: $A_y = (1,5P)$ e $B_y = (-0,5P)$. Usando funções de descontinuidade, pode-se escrever a equação do momento como:

$M(x) = 1,5P\langle x - 1,5\rangle - P\langle x\rangle$. Assim:

$v''(x)EI = -M(x) = -1,5P\langle x - 1,5\rangle + P\langle x\rangle$

E integrando uma e duas vezes: $v'(x)EI = 0,5P\langle x\rangle^2 - 0,75P\langle x - 1,5\rangle^2 + C_1$

$v(x)EI = \frac{P}{6}\langle x\rangle^3 - 0,25P\langle x - 1,5\rangle^3 + C_1 x + C_2$

Com o uso das condições de contorno; $v(1,5) = v(4,5)$, chega-se a:

$C_1 = -2,25P \quad C_2 = 1,6875P$

Restringindo $v(x = 0) = 1 \cdot 10^{-3}$ m $\rightarrow P = 9,48$ kN

3.6.25. Para a estrutura da Figura 3.45, determinar as equações da Linha Elástica, a posição e o valor do deslocamento vertical máximo da estrutura. O binário de forças atua na barra rígida em B, que tem comprimento de 500 mm, com F = 400 kN, L1 = 3 m, L2 = 1 m e EI = constante.

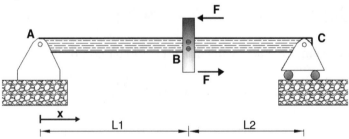

FIGURA 3.45 Viga biapoiada sujeita ao momento concentrado.

Resolução

Por equilíbrio, as reações verticais são: $A_y = (50$ kN$)$ e $C_y = (-50$ kN$)$. Usando funções de descontinuidade, pode-se escrever a equação do momento como:

$M(x) = 50\langle x \rangle - 200\langle x - 3 \rangle^0$, assim:

$v''(x)EI = -M(x) = -50\langle x \rangle + 200\langle x - 3 \rangle^0$

E integrando uma e duas vezes: $v'(x)EI = -25\langle x \rangle^2 + 200\langle x - 3 \rangle + C_1$

$v(x)EI = -\frac{25}{3}\langle x \rangle^3 + 100\langle x - 3 \rangle^2 + C_1 x + C_2$

Condições de contorno: $v(0) = = C_2$ e $v(4) = 0 \to C_1 = \frac{325}{3} = 108,33$
A equação da Linha Elástica fica dada por:

$v(x) = \frac{1}{EI}\left[100\langle x - 3 \rangle^2 - \frac{25}{3}\langle x \rangle^3 + \frac{325}{3}\langle x \rangle\right]$

Descobrir em qual trecho existe um ponto de extremo: Supor que $x_{máx} < 3m$:

$v'(x) = \frac{1}{EI}\left[25x^2 + \frac{325}{3}\right] = 0 \to x = 2,082$ m

Supor que $x_{máx} > 3m$:

$v'(x) = \frac{1}{EI}\left[200(x - 3) - 25x^2 + \frac{325}{3}\right] = 0$

Não existe extremo nesse caso.

Portanto: $v_{máx}(x = 2,082) = \frac{150,34}{EI}$

3.6.26. Um pequeno veículo está içando uma roda dentada de peso P e se move ao longo de uma viga de comprimento 3 m e seção retangular de largura e altura de, respectivamente, 2 e 12 cm, conforme esquema da Figura 3.46. Determinar a máxima distância "s", de modo que o deslocamento vertical de B não seja superior a 15 cm. Dados: E = 200 GPa; P = 50 kN. Admita que 0 < s < 3 m.

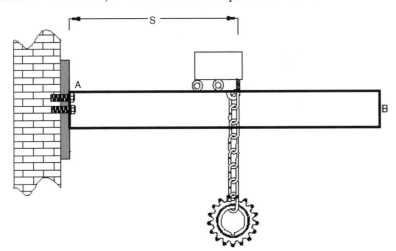

FIGURA 3.46 **Viga em balanço com veículo içando uma roda dentada de peso P.**

Resolução

Usando funções de descontinuidade, pode-se escrever a equação do momento como:

$M(x) = P\langle x\rangle - Ps - P\langle x-s\rangle$

Assim: $v''(x)EI = -M(x) = -P\langle x\rangle + Ps + P\langle x-s\rangle$

E integrando uma e duas vezes:

$v'(x)EI = -0,5P\langle x\rangle^2 + Psx + 0,5P\langle x-s\rangle^2 + C_1$

$v(x)EI = -P/6\langle x\rangle^3 + 0,5Psx^2 + P/6\langle x-s\rangle^3 + C_1x + C_2$

Condições de contorno: $v'(0) = 0 = C_1$; $v(0) = 0 = C_2$

Assim, substituindo os valores: $v(x) = 4,34 \cdot 10^{-2} \cdot \left[\dfrac{\langle x-s\rangle^3}{3} + sx^2 - \dfrac{\langle x\rangle^3}{3}\right]$

Prescrevendo que $v(x = 3) = 15 \cdot 10^{-2}$ m = 15 mm resolve-se o polinômio de grau 3, resultando em s = 1,15 m.

3.6.27. Sabe-se que a viga da Figura 3.47A está engastada a esquerda e a direita existe um apoio infinitamente rígido que está a uma distância na vertical de "f" da viga. Atua-se um carregamento distribuído. Obtenha:

1) A reação do apoio à direita e o diagrama de momento fletor da viga, indicando pontos máximos e seus valores;

2) Deslocamento vertical máximo e sua posição, bem como o diagrama da linha elástica do deslocamento vertical, indicando pontos relevantes.

Adote: EI = cte = 10^5 kN·m²; q = 24 kN/m; L = 10 m, f = 10 cm.

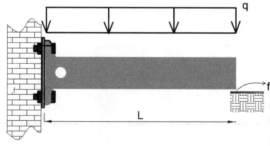

FIGURA 3.47A **Viga em balanço com carga distribuída com restrição de flecha.**

Resolução

Pode-se escrever a equação de momento em termos da reação R (Figura 3.47B), como:

$M(x) = Ax - (1200 - 10R) - 12x^2$

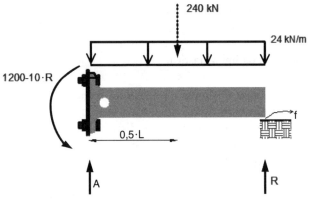

FIGURA 3.47B Reações da viga em balanço.

Assim: $v''(x)EI = -M(x) = -Ax + (1200 - 10R) + 12x^2$ e integrando uma e duas vezes:

$$v'(x)EI = 4x^3 + (1200 - 10R)x - 0{,}5Ax^2 + C_1 \text{ e}$$

$$v(x)EI = x^4 + (600 - 5R)x^2 - A\frac{x^3}{6} + C_1 x + C_2$$

Condições de contorno: $v'(0) = 0 = C_1; v(0) = 0 = C_2$

Se $f = 0{,}1$ m e sabendo que $A = 240 - R$:

a) Reação de apoio à direita é: $R = 60$ kN. Assim:

$M(x) = 180x - 12x^2 - 600$ e $M(0) = -600$ kN·m, e

$M'(x) = 180 - 24x = 0 \longrightarrow x = 7{,}5$ m, e momento máximo fica:

$M(x = 7{,}5) = 75$ kN·m

FIGURA 3.47C Diagrama de momento fletor.

b) A equação da Linha Elástica fica indicada por:

$$v(x) = \frac{1}{EI}\left[300x^2 + x^4 - 30x^3\right]$$

Não existe extremo dentro do intervalo, assim, o máximo valor é para $x = 10$ m, com $v(x = 10) = 0{,}1$ m.

FIGURA 3.47D **Diagrama da linha elástica.**

3.6.28. Sabe-se que a viga da Figura 3.48A está engastada à esquerda e à direita existe um apoio infinitamente rígido que está a uma distância na vertical de "f" da viga. Atua-se um carregamento linearmente distribuído, conforme indicado. Obtenha a reação do apoio à direita e o diagrama de momento fletor da viga. Adote: $EI = cte = 10^5 \ kN \cdot m^2$; $q = 24 \ kN/m$; $L = 10 \ m$, $f = 0,1m$.

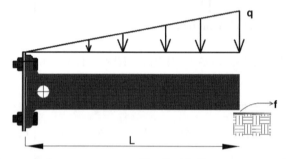

FIGURA 3.48A **Viga em balanço com carga distribuída linear com restrição de flecha.**

Resolução

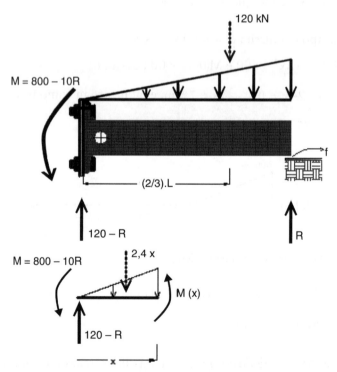

FIGURA 3.48B **Reações da viga em balanço e corte para obtenção do momento fletor.**

Pode-se escrever a equação de momento em termos da reação R (Figura 3.48B), como:

$M(x) = -0{,}4x^3 - (800 - 10R) - (R - 120)x$ e
$v''(x)EI = -M(x) = 0{,}4x^3 + (800 - 10R) + (R - 120)x$

E integrando uma e duas vezes:

$v'(x)EI = 0{,}1x^4 + (800 - 10R)x + (R - 120)\dfrac{x}{2} + C_1$

$v(x)EI = 0{,}02x^5 + (800 - 10R)\dfrac{x^2}{2} + (R - 120)\dfrac{x^3}{6} + C_1 x + C_2$

Condições de contorno: $v'(0) = 0 = C_1$; $v(0) = 0 = C_2$

Para $f = 0{,}1$ m:

$v(x=10)EI = 0{,}02(10)^5 + (800 - 10R)\dfrac{(10)^2}{2} + (R - 120)\dfrac{(10)^3}{6} = 0{,}1$

$R = 36$ kN

Assim a equação do momento fica: $M(x) = -0{,}4x^3 - 440 + 84x$

E a posição do valor extremo do momento é obtida por:

$M'(x) = 84 - 1{,}2x^2 = 0 \longrightarrow x = \sqrt{\dfrac{84}{1{,}2}} = 70 = 8{,}37$ m

E seu valor é: $M(x = 8{,}37) = 84x - 0{,}4x^3 - 440 = 28{,}81$ kN·m

E no engaste: $M(x = 0) = -440$ kN·m

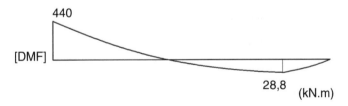

FIGURA 3.48C **Diagrama de momento fletor.**

3.6.29. Para a viga hiperestática da Figura 3.49A, obter:

a) As reações verticais A, B e C.
b) Sabendo-se que o máximo valor admissível para o deslocamento do ponto D seja de 1 cm em módulo, e que a seção transversal da viga é quadrada de lado "*h*", obter o menor valor de "*h*". Dados: q = 12 kN/m; L = 4 m; E = 200 GPa.

168 Resistência dos materiais

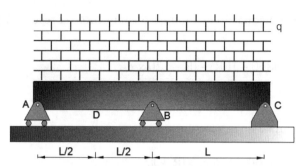

FIGURA 3.49A Viga hiperestática com dois tramos hiperestática sujeita à carga distribuída.

Resolução

a) Com o apoio da Figura 3.49B, a equação do momento fletor em termos das reações A e B fica:

$M(x) = Ax + B\langle x - 4 \rangle - 6x^2$ e $v''(x) EI = -Ax - B\langle x - 4 \rangle + 6x^2$

E integrando uma e duas vezes:

$v'(x) EI = 2x^3 - 0,5 A x^2 - 0,5 \cdot B\langle x - 4 \rangle^2 + C_1$

$v(x) EI = 0,5x^4 - \frac{1}{6} \cdot Ax^3 - \frac{1}{6} \cdot B\langle x - 4 \rangle^3 + C_1 x + C_2$

Condições de contorno: $v(0) = 0 = C_2$;

$v(4) = 0 \to C_1 = \frac{16}{6} A - 32$ (Eq. a)

$v(8) = 0 \to C_1 = \frac{64}{6} A + \frac{8}{6} B - 256$ (Eq. b)

Com a equação de equilíbrio de momento em C: $2A + B = 96$ (Eq. c)
Confrontando as equações (a), (b) e (c): A = 18 kN   B = 60 kN
E por equilíbrio das forças na vertical: C = 18 kN

b) A equação da Linha Elástica fica:

$v(x) EI = 0,5x^4 - 3x^3 - 10\langle x - 4 \rangle^3 + 16x$

Assim: $v(x = 2) EI = 0,5x^4 - 3x^3 - 10\langle x - 4 \rangle^3 + 16x \leq 1 \cdot 10^{-2}$ m

Com $I = \frac{h^4}{12}$, então: $h^4 \geq \frac{16 \cdot 12}{200 \cdot 10^6 \cdot 1 \cdot 10^{-2}} \to h^4 \geq 9,6 \cdot 10^{-5} \to h \geq 9,9 \cdot 10^{-2}$ m

Portanto: h = 9,9 cm

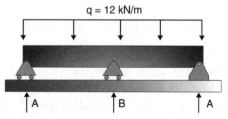

FIGURA 3.49B Reações da viga hiperestática sujeita à carga distribuída.

Capítulo 4

Cisalhamento

Este capítulo trata do estudo do problema do cisalhamento associado à flexão em vigas. Inicialmente é deduzida a Fórmula do Cisalhamento. Na sequência do capítulo, desenvolve-se o estudo da influência das seções transversais solicitadas ao esforço de cisalhamento. O conceito de fluxo de cisalhamento é introduzido para aplicações de seções de paredes finas, bem como aborda-se o dimensionamento de ligações em seções transversais compostas por elementos independentes. Por fim, apresenta-se o conceito de centro de cisalhamento.

4.1 CISALHAMENTO EM VIGAS RETICULADAS PRISMÁTICAS

As tensões de cisalhamento em vigas reticuladas prismáticas são causadas pelos esforços cortantes atuantes nas seções transversais. Se a seção transversal (ST) for solicitada tanto ao cisalhamento quanto à flexão, ocorrem distribuições complexas de tensões de cisalhamento no plano da seção. São admitidas as seguintes hipóteses de cálculo:

a) As tensões de cisalhamento (τ) são paralelas à força cortante (V) sobre a Linha Neutra (LN) da seção.
b) Para larguras de seção (t) constantes, as tensões de cisalhamento são uniformemente distribuídas para cada posição na altura.
c) Consideram-se elementos reticulados e prismáticos na dedução da Fórmula do Cisalhamento.

Na Figura 4.1 é apresentada a distribuição das tensões de cisalhamento sobre a LN de uma seção transversal de viga prismática, provocada por um momento fletor (M_Z) e esforço cortante (V) positivos, de acordo com a convenção de sinais usual para esforços solicitantes.

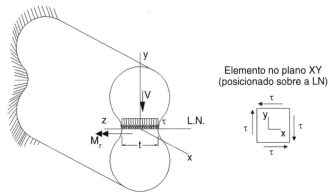

FIGURA 4.1 Distribuição de tensões de cisalhamento máximas sobre a Linha Neutra (LN) de uma viga submetida à solicitação combinada de flexão e cisalhamento.

Observa-se ainda que na Figura 4.1 a tensão de cisalhamento (τ) atuante em um elemento plano longitudinal posicionado sobre a LN é equilibrada por tensões de igual valor na direção do eixo da peça (tensões de cisalhamento longitudinais). Dessa forma, entende-se que ao surgirem tensões de cisalhamento transversais (no plano da seção reta), em razão do esforço cortante, por equilíbrio, surgem também tensões cisalhantes longitudinais de mesma intensidade.

4.1.1 Fórmula do cisalhamento

A fórmula que relaciona o esforço cortante com as tensões de cisalhamento em vigas é chamada Fórmula do Cisalhamento. A fórmula é obtida a partir do equilíbrio de forças, resultantes das tensões normais, na direção longitudinal de uma viga. A Figura 4.2 apresenta os esforços solicitantes causados pela flexão em um elemento infinitesimal longitudinal. Consideram-se variações diferenciais dos esforços, no sentido positivo do eixo, com o intuito de representar a variação dos esforços solicitantes.

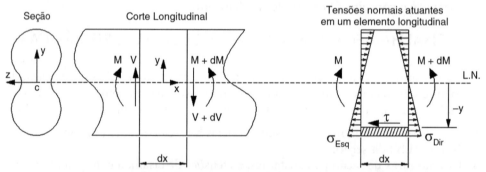

FIGURA 4.2 Tensões atuantes em um elemento infinitesimal longitudinal (dx) em uma viga submetida à solicitação combinada de flexão e cisalhamento.

O equilíbrio é feito considerando-se que em um elemento dx há equilíbrio de tensões de cisalhamento, conforme apresentado na Figura 4.3.

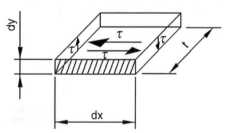

FIGURA 4.3 Equilíbrio de componentes de tensão de cisalhamento em um elemento infinitesimal (dx).

O equilíbrio de forças na fibra longitudinal interna, de comprimento dx, é realizado considerando-se as forças causadas pelas tensões normais, à esquerda e à direita do corte analisado, e pela componente de força causada pela componente de tensão de cisalhamento na superfície interna do elemento, conforme a Figura 4.4.

Cisalhamento   171

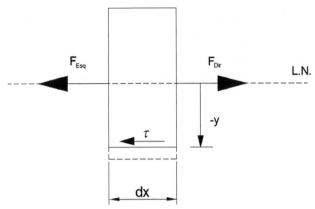

FIGURA 4.4 Forças de equilíbrio atuantes em um elemento infinitesimal longitudinal (dx) em uma viga submetida à solicitação combinada de flexão e cisalhamento.

As tensões normais à esquerda e à direita do trecho considerado produzem as seguintes distribuições nas seções, de acordo com a fórmula da flexão:

$$\begin{cases} \sigma_{ESq} = -\dfrac{M(-y)}{I_{Z_0}} \\ \sigma_{Dir} = -\dfrac{(M+dM)(-y)}{I_{Z_0}} \end{cases} \quad (4.1)$$

Na Equação (4.1), o sinal é negativo, pois se considera uma fibra abaixo da LN.
Para o caso de flexão atuante em um eixo ($M = M_{Z_0}$), as tensões são iguais para pontos com mesma posição ($-y$) na seção. A tensão de cisalhamento interna (τ) atua no plano XY desse elemento.

As forças longitudinais são calculadas a partir da definição de tensão:

$$\begin{cases} F_{ESq} = \int_A \sigma_{ESq} dA = \int_A \dfrac{-M \cdot (-y)}{I_{Z_0}} dA \\ F_{Dir} = \int_A \sigma_{Dir} dA = \int_A \dfrac{-(M+dM) \cdot (-y)}{tI_{Z_0}} dA \end{cases} \quad (4.2)$$

Considerando-se o equilíbrio de forças longitudinais, tem-se:

$$\boxed{\sum F_x = 0}$$

$$F_{Dir} - F_{ESq} - \tau t dx = 0$$

$$\tau t dx = \int_A \dfrac{dM}{I_{Z_0}} y dA$$

$$\tau = \int_A \left(\dfrac{dM}{dx}\right) \dfrac{y}{tI_{Z_0}} dA$$

$$\boxed{\tau = \dfrac{VQ_z}{tI_{Z_0}}} \quad (4.3)$$

A Equação (4.3) é a chamada Fórmula do Cisalhamento e relaciona o esforço cortante aplicado na seção (V) com as tensões de cisalhamento (τ) geradas, por meio de propriedades geométricas da seção como o momento estático da área acima ou abaixo da linha de cálculo de τ, em relação à L.N. ($Q_z = \int_A y dA$), o momento de inércia de toda a seção em relação à L.N. (I_{z_0}) e a largura (t) no ponto de cálculo de τ na seção.

É importante observar que a Fórmula do Cisalhamento é válida para materiais elásticos com comportamento linear submetidos a pequenas deformações; a direção de aplicação da força cortante resultante deve coincidir com a direção de um eixo de simetria da seção transversal. Nota-se na Eq. (4.3) que a tensão cisalhante máxima em uma certa seção ocorre quando o quociente entre o momento estático e a espessura, que pode variar ao longo da direção de V, forem máximos. Nas seções usuais, a espessura na região da L. N. é menor que nos extremos, nos flanges por exemplo, de modo que tensão de cisalhamento máxima ocorre sobre a L.N. Verifique o exercício 4.4.5 como um caso de valor máximo da tensão cisalhante que não ocorre na L.N.

4.1.2 Distribuição das tensões de cisalhamento em vigas

A distribuição das tensões de cisalhamento em vigas depende do tipo de seção transversal considerada. O caso mais simples é o da viga de seção retangular, apresentada na Figura 4.5, no qual se deseja calcular as tensões de cisalhamento em uma posição y_1 em relação à LN da seção. Observa-se que nesse caso a flexão causada pela força cortante (V) ocorre em relação ao eixo centroidal horizontal (z_0). As tensões de cisalhamento são iguais em qualquer ponto da largura na posição y_1.

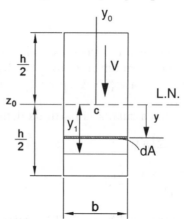

FIGURA 4.5 Parâmetros utilizados para o cálculo das tensões de cisalhamento em uma posição y_1 da seção retangular.

Para o cálculo da tensão de cisalhamento (τ), utilizando-se a Equação (4.3), se deve calcular o momento estático da área (Q_z) acima ou abaixo da posição em relação à LN. Considerando-se o momento estático de toda a área acima da posição y_1, em relação à LN, obtém-se:

$$Q_z = \int_{-y_1}^{\frac{h}{2}} y dA = \int_{-y_1}^{\frac{h}{2}} y(bdy) = b \cdot \frac{y^2}{2}\bigg|_{-y_1}^{\frac{h}{2}}$$

$$\boxed{Q_z = \frac{b}{2}\left(\frac{h^2}{4} - y_1^2\right)}$$

(4.4)

Aplicando a Fórmula de Cisalhamento tem-se:

$$\tau = \frac{V}{bI_{Z_0}} \cdot \frac{b}{2}\left(\frac{h^2}{4} - y_1^2\right)$$

$$\boxed{\tau = \frac{V}{2I_{Z_0}}\left(\frac{h^2}{4} - y_1^2\right)} \quad (4.5)$$

Observa-se pela Equação (4.5) que a distribuição das tensões de cisalhamento é quadrática ao longo das posições verticais $\left(-\frac{h}{2} \leq y_1 \leq \frac{h}{2}\right)$. Ademais, a tensão de cisalhamento máxima (τ_{max}) ocorre sobre a LN ($y_1 = 0$).

$$\boxed{\tau_{max} = \frac{V}{2\frac{bh^3}{12}} \cdot \frac{h^2}{4} = \frac{3V}{2A} = \frac{3}{2}\tau_{med}} \quad (4.6)$$

Quando se compara a tensão de cisalhamento máxima com a tensão de cisalhamento média atuante na seção (τ_{med}) utilizada em problemas de cisalhamento puro, observa-se que para o caso de seções retangulares a tensão máxima obtida pela Fórmula do Cisalhamento é 50% maior que a tensão de cisalhamento média.

Por outro lado, as tensões de cisalhamento são mínimas e iguais a zero nos extremos da seção retangular $\left(y_1 = \pm\frac{h}{2} \Rightarrow \tau_{min} = 0\right)$. No caso da flexão associada ao cisalhamento, as tensões normais causadas pela flexão são iguais a zero e onde as tensões de cisalhamento são iguais a zero, tem-se as tensões normais máximas.

Em corte longitudinal, observa-se o perfil de distribuição parabólico de tensões de cisalhamento em vigas de seção transversal retangular, conforme ilustrado na Figura 4.6.

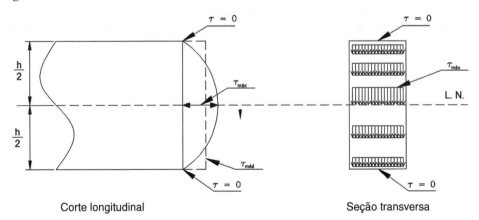

FIGURA 4.6 **Distribuição parabólica das tensões de cisalhamento em vigas de seção transversal retangular.**

De acordo com a aplicação da Lei de Hooke, as deformações por cisalhamento também variam parabolicamente nas seções retangulares.

$$\gamma = \frac{\tau}{G} = \frac{V}{2GI_{Z_0}}\left(\frac{h^2}{4} - y_1^2\right) \tag{4.7}$$

A seção circular é eventualmente utilizada para resistir à flexão e ao cisalhamento. A distribuição de tensões de cisalhamento em vigas de seção circular é mais complexa neste caso, conforme ilustrado na Figura 4.7. Nesse caso, as tensões de cisalhamento atuam de forma tangente ao contorno da seção e de forma inclinada nos pontos internos, com exceção da LN, na qual as tensões são máximas e atuam na direção do esforço cortante.

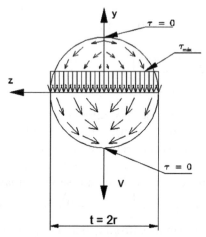

FIGURA 4.7 Distribuição de tensões de cisalhamento em uma viga prismática com seção transversal circular.

A tensão de cisalhamento máxima ocorre sobre a LN na direção paralela à força cortante aplicada. Portanto, para a aplicação da Fórmula do Cisalhamento, é necessário calcular o momento estático do semicírculo da área acima ou abaixo em relação à LN. A Figura 4.8 apresenta a distância do centroide da área do semicírculo em relação à LN, a ser usada no cálculo do momento estático apresentado na Equação (4.10).

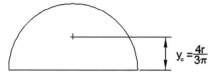

FIGURA 4.8 Distância do centroide do semicírculo da área acima em relação à L.N.

$$Q_z = \bar{y}A = \frac{4r}{3\pi} \cdot \frac{\pi r^2}{2} = \frac{2r^3}{3} \tag{4.10}$$

A tensão de cisalhamento máxima que ocorre na LN é calculada a partir da Fórmula do Cisalhamento e assume um valor um terço maior que a tensão de cisalhamento média da seção.

$$\boxed{\tau_{max} = \frac{V}{tI_{z_0}} \cdot Q_z = \frac{V}{2r \cdot \frac{\pi r^4}{4}} \cdot \frac{2r^3}{3} = \frac{4V}{3A} = \frac{4}{3}\tau_{med}}$$ (4.11)

4.2 CISALHAMENTO EM SEÇÕES COMPOSTAS DE PAREDES FINAS

Para o estudo do cisalhamento em seções compostas de paredes finas é importante utilizar o conceito de fluxo de cisalhamento (q) que é definido como a força de cisalhamento por unidade de comprimento, atuante na seção transversal.

$$\boxed{q = \frac{dF}{dx} = \tau \cdot t}$$ (4.12)

O fluxo de cisalhamento também atua no comprimento longitudinal da peça, sendo importante para o dimensionamento das ligações entre os elementos constituintes da seção. Pode-se calcular o fluxo de cisalhamento para o caso do cisalhamento em vigas a partir da Fórmula do Cisalhamento.

$$q = \tau \cdot t = \frac{VQ_z}{tI_{z_0}} \cdot t$$

$$\boxed{q = \frac{VQ_z}{I_{z_0}}}$$ (4.13)

Pela Equação (4.13), observa-se que o fluxo de cisalhamento (q) atua na mesma direção da tensão de cisalhamento (τ) e que não depende da espessura da posição da seção (t). Ao contrário das aplicações da torção, no caso do cisalhamento associado à flexão o fluxo de cisalhamento varia nos elementos de paredes finas, pois depende do momento estático de área.

4.2.1 Exemplos de distribuição de fluxos de cisalhamento em seções de paredes finas

A Figura 4.9 apresenta exemplos de distribuição de fluxos de cisalhamento em seções de paredes finas compostas. Para os dois casos apresentados, a força cortante (V) atua na direção vertical, paralela às almas das seções. No caso (a), o fluxo de cisalhamento é nulo nos pontos da seção comuns ao eixo de aplicação da força cortante. Nas abas, a distribuição do fluxo é linear e parabólica nos elementos verticais da seção (devido à variação do momento estático em relação à LN). É importante observar que há conservação do fluxo de cisalhamento nos pontos de junção entre as abas e almas. Para ambos os casos, o fluxo de cisalhamento é máximo sobre a LN. No caso (b), os fluxos de cisalhamento são nulos nas extremidades da seção e se distribuem linearmente nas abas com valores diferentes (devido às dimensões diferentes das abas). É importante observar que o fluxo no topo da alma é igual à soma dos fluxos que convergem pelas abas ($q_{ALMA} = q_1 + q_2$). O fluxo de cisalhamento também se distribui parabolicamente na alma e é máximo sobre a LN.

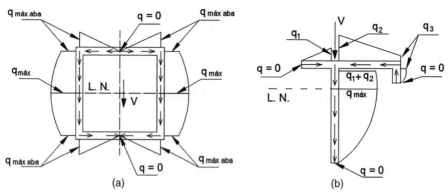

FIGURA 4.9 Exemplos de distribuição de fluxos de cisalhamento em seções de paredes finas: (a) seção caixão com dupla simetria; (b) seção "T" com abas assimétricas.

EXERCÍCIO RESOLVIDO 4.1

A viga "T" de madeira é fabricada colando-se a mesa e alma, conforme indicado na Figura 4.10. Sabendo-se que $\sigma_{adm} = \pm\, 80$ MPa, $\tau_{adm}^{madeira} = 15$ MPa e $\tau_{adm}^{cola} = 7$ MPa, determine a máxima carga "w" que pode ser aplicada na viga.

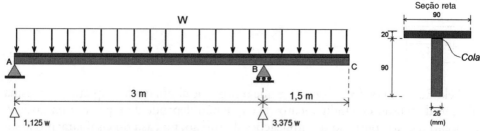

FIGURA 4.10 Viga de madeira conjugada em balanço com seção reta em formato "T".

Resolução

O primeiro passo da resolução consiste na obtenção das reações de apoio, já representadas na Figura 4.10, e traçado dos diagramas de esforços solicitantes não nulos para este problema, apresentada na Figura 4.11. O cálculo do momento máximo no trecho biapoiado é dado por:

$$\circlearrowleft M_{MÁX}^{esquerda} = 1{,}125 \cdot 1{,}125w - 1{,}125w \cdot \frac{1{,}125}{2} = 0{,}6322w$$

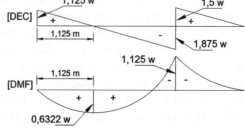

FIGURA 4.11 Diagramas de esforços solicitantes da viga de madeira.

Na sequência, devem ser calculadas as propriedades geométricas da seção.

Cálculo de $\bar{y} \Rightarrow \boxed{\bar{y} \cdot A = \sum_{i=1}^{2} y_i A_i}$

$$\bar{y} \cdot (90 \cdot 20 + 90 \cdot 25) = 45 \cdot (90 \cdot 25) + 100 \cdot (20 \cdot 90)$$

$$\boxed{\bar{y} = 69{,}44 \text{ mm}}$$

$$I_{z_0} = \frac{90 \cdot 20^3}{12} + (100 - 69{,}44)^2 \cdot (20 \cdot 90) + \frac{25 \cdot 90^3}{12} + (45 - 69{,}44)^2 \cdot (90 \cdot 25)$$

$$\boxed{I_{z_0} = 4{,}60375 \cdot 10^{-6} \text{ mm}^4}$$

O dimensionamento à flexão é feito tanto para o momento fletor máximo positivo (Figura 4.11A) quanto para o momento fletor máximo negativo (Figura 4.11B). Em ambos os casos devem ser calculadas as máximas tensões de tração e de compressão atuantes na seção, conforme o seguinte critério de tensões admissíveis:

$$\sigma_{X_{\text{tração}}} = -\frac{M_{Z_0} \cdot y}{I_{Z_0}} \leq \sigma_{ADM} = 80 \text{ MPa}; \quad \sigma_{X_{\text{compressão}}} = -\frac{M_{Z_0} \cdot y}{I_{Z_0}} \geq \sigma_{ADM} = -80 \text{ MPa}$$

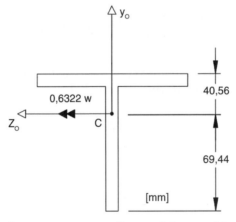

FIGURA 4.11A **Verificação para o momento fletor máximo positivo.**

Para o momento fletor máximo positivo atuante na viga, têm-se as seguintes tensões normais máximas na seção:

$$\sigma_{\text{máx}_{\text{tração}}} = -\frac{0{,}6322 \cdot w \cdot (-0{,}06944)}{4{,}60375 \cdot 10^{-6}} \leq 80 \cdot 10^6 \Rightarrow \boxed{w \leq 8{,}39 \text{ kN/m}}$$

$$\sigma_{\text{máx}_{\text{compressão}}} = -\frac{0{,}6322 \cdot w \cdot (0{,}04056)}{4{,}60375 \cdot 10^{-6}} \geq -80 \cdot 10^6 \Rightarrow \boxed{w \leq 14{,}36 \text{ kN/m}}$$

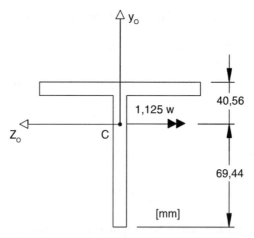

FIGURA 4.11B Verificação para o momento fletor máximo negativo.

Para o momento fletor máximo negativo atuante na viga, têm-se as seguintes tensões normais máximas na seção:

$$\sigma_{\text{máx}_{\text{tração}}} = -\frac{(-1{,}125 \cdot w) \cdot (0{,}04056)}{4{,}60375 \cdot 10^{-6}} \leq 80 \cdot 10^6 \Rightarrow \boxed{w \leq 8{,}07 \text{ kN/m}}$$

$$\sigma_{\text{máx}_{\text{compressão}}} = -\frac{(-1{,}125 \cdot w) \cdot (-0{,}06944)}{4{,}60375 \cdot 10^{-6}} \geq -80 \cdot 10^6 \Rightarrow \boxed{w \leq 4{,}71 \text{ kN/m}}$$

O dimensionamento ao cisalhamento pode ser feito com base no momento estático da área abaixo da LN, conforme a Figura 4.11C.

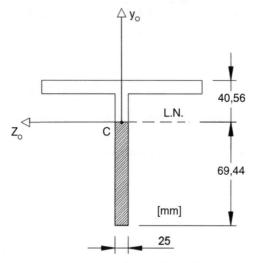

FIGURA 4.11C Momento estático da área abaixo da Linha Neutra para a verificação ao cisalhamento.

$$Q_{Z_{LN}} = Q_{z_{máx}} = \frac{69,44}{2}(69,44 \cdot 25) = 6,027 \cdot 10^{-5} \text{ cm}^3$$

$$\tau_{máx} = \frac{V \cdot Q_{Z_{LN}}}{t \cdot I_{Z_0}} = \frac{1,875 \cdot w \cdot 6,027 \cdot 10^{-5}}{0,025 \cdot 4,60375 \cdot 10^{-6}} \leq \tau_{adm} = 15 \text{ MPa}$$

$$\Rightarrow \boxed{w \leq 15 \text{ kN/m}}$$

Por fim, o dimensionamento da interface entre a alma e a aba deve considerar apenas o momento estático da área acima (ou abaixo) da interface em relação à LN. Considerou-se a área acima nos cálculos, conforme apresentado na Figura 4.11D.

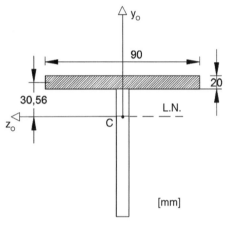

FIGURA 4.11D Momento estático da área acima da interface em relação à Linha Neutra para a verificação da ligação colada.

$$Q_{Z_{LN}}^{aba} = 30,56\,(90 \cdot 20) = 5,5 \cdot 10^{-5} \text{ cm}^3$$

$$\tau_{máx} = \frac{q}{t} = \frac{V \cdot Q_{Z_{LN}}}{tI_{Z_0}} = \frac{1,875 \cdot w \cdot 5,5 \cdot 10^{-5}}{0,025 \cdot 4,60375 \cdot 10^{-6}} \leq \tau_{adm}^{cola} = 7 \text{ MPa}$$

$$\Rightarrow \boxed{w \leq 7,81 \text{ kN/m}}$$

Portanto, a máxima carga que pode ser aplicada na viga é $w_{máx} = 4,71$ kN/m, definida pela flexão.

4.3 CENTRO DE CISALHAMENTO EM SEÇÕES DE PAREDES FINAS

O centro de cisalhamento é um ponto no plano da seção transversal no qual a aplicação da resultante de forças cortantes não provoca torção. Ou seja, provoca apenas flexão e cisalhamento.

Em seções com dois eixos de simetria, o centro de cisalhamento (S) coincide com o centroide conforme ilustrado na Figura 4.12.

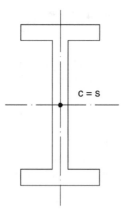

FIGURA 4.12 Localização do centro de cisalhamento em uma seção "I" com dupla simetria.

Em seções com um eixo de simetria, o centro de cisalhamento (S) está localizado sobre o eixo de simetria, mas não será coincidente com o centroide. A Figura 4.13 ilustra este caso.

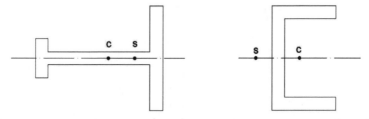

FIGURA 4.13 Exemplos das localizações dos centros de cisalhamento em seções com apenas um eixo de simetria.

Em seções de paredes finas compostas por elementos retilíneos concorrentes, o centro de cisalhamento está localizado no ponto de interseção dos elementos, conforme apresentado nos exemplos da Figura 4.14.

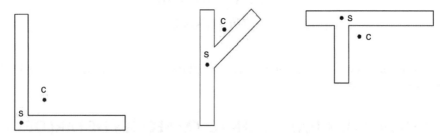

FIGURA 4.14 Exemplos das localizações dos centros de cisalhamento em seções de paredes finas com elementos retilíneos concorrentes.

Em termos mais gerais, a posição do centro de cisalhamento depende da geometria da seção transversal da viga e da distribuição de tensões nos elementos. Por meio do conceito de sistema estático equivalente é possível calcular a posição do centro de cisalhamento.

EXERCÍCIO RESOLVIDO 4.2

Pede-se determinar a posição "d" do centro de cisalhamento da seção transversal da viga apresentada na Figura 4.15. Na figura apresenta-se também a resultante de forças verticais relacionadas com as tensões de cisalhamento causadas pelo esforço cortante.

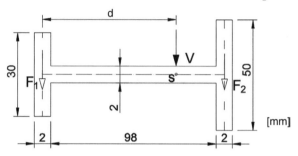

FIGURA 4.15 Viga com seção "H" submetida à força cortante vertical. Cotas em [mm].

Resolução

O primeiro passo na resolução do problema é adotar um sistema estático equivalente, que possui a mesma resultante de forças verticais ($R_{vertical} = -V$) e momento torçor nulo em relação ao centro de cisalhamento (S). Assim, pelo equilíbrio de momentos torçores em relação ao centro de cisalhamento, obtém-se uma expressão que possibilitará o cálculo da distância "d".

$$\circlearrowleft \Sigma M_S = 0$$

$$F_1 \cdot d - F_2 \cdot (100 - d) = 0$$

$$d = \frac{100 F_2}{F_1 + F_2}$$

O cálculo das forças resultantes cisalhantes (F_1 e F_2) nas abas pode ser feito considerando-se os elementos de área parametrizados a partir das extremidades superiores dos elementos verticais, conforme ilustrado na Figura 4.16. A esses elementos será aplicada a Fórmula do Cisalhamento, cujo cálculo deve ser efetuado em relação à LN da seção.

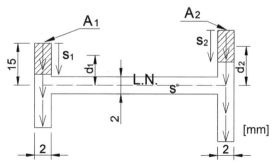

FIGURA 4.16 Elementos de área parametrizados a partir das extremidades superiores dos elementos verticais a serem utilizados na aplicação da Fórmula do Cisalhamento.

Tem-se que as áreas infinitesimais são dadas por:

$$A_1 = 2 \cdot s_1 \Rightarrow \boxed{dA_1 = 2 \cdot ds_1}$$

$$A_2 = 2 \cdot s_2 \Rightarrow \boxed{dA_2 = 2 \cdot ds_2}$$

Assim, as forças de cisalhamento atuantes nos elementos verticais são calculadas a partir da definição de tensão (para o caso de tensões de cisalhamento) e da aplicação da Fórmula do Cisalhamento.

$$F_1 = \int_0^{30} \tau_1 dA_1$$

$$F_2 = \int_0^{50} \tau_2 dA_2$$

$$\tau_1 = \frac{V \cdot Q_z}{t \cdot I_{z0}} = \frac{V \cdot 2 \cdot (15 \cdot s_1 - 0,5 \cdot s_1^2)}{2 \cdot I_{z0}}$$

$$\tau_2 = \frac{V \cdot Q_z}{t \cdot I_{z0}} = \frac{V \cdot 2 \cdot (25 \cdot s_2 - 0,5 \cdot s_2^2)}{2 \cdot I_{z0}}$$

Em que os momentos estáticos dos elementos de integração em relação à LN foram calculados por:

$$Q_{z1} = 2 \cdot s_1 \cdot d_1 = 2 \cdot s_1 \cdot \left(15 - \frac{s_1}{2}\right) = 2 \cdot (15 \cdot s_1 - 0,5 \cdot s_1^2)$$

$$Q_{z2} = 2 \cdot s_2 \cdot d_2 = 2 \cdot s_2 \cdot \left(25 - \frac{s_2}{2}\right) = 2 \cdot (25 \cdot s_2 - 0,5 \cdot s_2^2)$$

Assim, as forças resultantes nos elementos verticais são calculadas por:

$$F_1 = \int_0^{30} \frac{V \cdot (15 \cdot s_1 - 0,5 \cdot s_1^2)}{I_{z0}} \cdot 2 \cdot ds_1 = 2 \cdot \frac{V}{I_{z0}} \left(\frac{15}{2} \cdot s_1^2 + \frac{0,5}{3} \cdot s_1^3\right)_0^{30} = 22500 \cdot \frac{V}{I_{z0}}$$

$$F_2 = \int_0^{50} \frac{V \cdot (25 \cdot s_2 - 0,5 \cdot s_2^2)}{I_{z0}} \cdot 2 \cdot ds_2 = 2 \cdot \frac{V}{I_{z0}} \left(\frac{25}{2} \cdot s_2^2 + \frac{0,5}{3} \cdot s_2^3\right)_0^{50} = 104167 \cdot \frac{V}{I_{z0}}$$

Portanto, a posição do centro de cisalhamento é definida por:

$$d = \frac{100 \cdot 104167 \cdot \frac{V}{I_{z0}}}{(22500 + 104167) \cdot \frac{V}{I_{z0}}} = \boxed{82,24 \text{ mm}}$$

Para qualquer outro ponto de aplicação de V, diferente de s, não há equivalência dos sistemas e ocorre torção na seção.

4.4 EXERCÍCIOS RESOLVIDOS

Cisalhamento em vigas reticuladas prismáticas

4.4.1. Determinar a menor dimensão "a" da seção transversal da Figura 4.17A, sabendo que na estrutura devem ser verificadas as tensões normal e cisalhante, onde $\sigma_{adm} = 11,25$ MPa e $\tau_{adm} = 0,25$ MPa. Adote P = 30 kN.

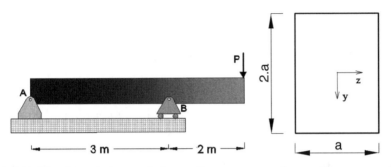

FIGURA 4.17A Viga biapoiada com balanço, força concentrada e seção transversal.

Resolução

a) Características geométricas:

$$y_{CG} = a; \; A = 2 \cdot a^2; \; I_{zCG} = \frac{a \cdot (2 \cdot a)^3}{12} = 0,667\, a^4$$

b) Determinar o diagrama diagrama de esforço cortante e momento fletor:

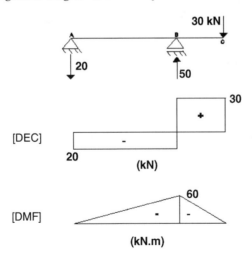

FIGURA 4.17B Reações e diagramas de esforço cortante e momento fletor.

c) Análise de tensões

Momento máximo ocorre na seção B e de valor: $M_{máx} = -60$ kN·m. Como a tensão admissível é a mesma tanto para tração quanto compressão, e as distâncias ao centroide das fibras superiores e inferiores são as mesmas, para essa seção transversal, basta fazer o dimensionamento em uma das fibras mais distantes:

$$\sigma_{inf} = \frac{M \cdot y_{inf}}{I_z} = \left|\frac{-60 \cdot (a)}{0{,}667 \cdot a^4}\right| \text{(compressão)} \leq 11{,}25 \cdot 10^3 \text{ (kPa)} \rightarrow a \geq 0{,}20 \text{ (m)}$$

Pelo diagrama, o esforço cortante máximo ocorre nas seções entre B e C de valor: $V_{máx} = 30$ kN, assim:

$$= 30 \text{ kN, assim: } \tau_{máx} = 1{,}5 \cdot \frac{V_{máx}}{A} = 1{,}5 \cdot \frac{30}{2 \cdot a^2} \leq \tau_{adm} = 0{,}25 \cdot 10^3 \rightarrow a \geq 0{,}30$$

$$\therefore a_{min} = 30 \text{ cm}$$

4.4.2. Para certa estrutura, sua seção transversal é a indicada na Figura 4.18. Sabendo que seu momento crítico é de $M_z = P$ e o cortante crítico é de $V_y = V = P$, unidades em kN e m. Determine o máximo valor de P, de modo a atender as tensões admissíveis normal e cisalhante. Dados: b1 = 100 mm, b2 = 200 mm, $\sigma_{adm} = 300$ MPa e $\tau_{adm} = 5$ MPa.

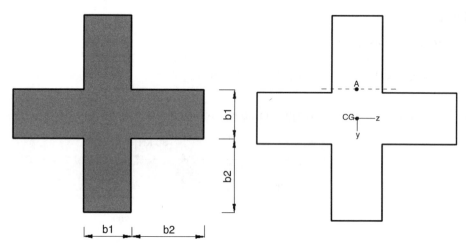

FIGURA 4.18 (a) Seção transversal do tipo cruciforme; (b) posição para cálculo da tensão cisalhante.

Resolução

$$(I_z)_{CG} = 2 \cdot \left[\frac{100 \cdot 200^3}{12} + (150)^2 \cdot 100 \cdot 200\right] + \left[\frac{500 \cdot 100^3}{12}\right] = 1{,}075 \cdot 10^9 \text{ mm}^4 \text{ e}$$

$$(Q_z)_{CG} = 50 \cdot 500 \cdot 25 + 150 \cdot 100 \cdot 200 = 3{,}625 \cdot 10^6 \text{ mm}^3 \text{ e}$$

$$(Q_z)_A = 150 \cdot 100 \cdot 200 = 3 \cdot 10^6 \text{ mm}^3$$

Avaliar a tensão normal nas fibras mais afastadas e tensão cisalhante no centroide e no ponto A, Figura 4.18:

$$\sigma = \frac{M \cdot y}{I_z} = \frac{M \cdot (0,25)}{1,075 \cdot 10^{-3}} \le 300 \cdot 10^3 \to P \le 1.290 \text{ kN}$$

$$\tau_{CG} = \frac{V \cdot Q_{ZCG}}{t \cdot I_z} = \frac{P \cdot (3,625 \cdot 10^{-3})}{0,5 \cdot 1,075 \cdot 10^{-3}} \le 5 \cdot 10^3 \to P \le 741,4 \text{ kN}$$

$$\tau_A = \frac{V \cdot Q_{ZCA}}{t \cdot I_z} = \frac{P \cdot (3 \cdot 10^{-3})}{0,1 \cdot 1,075 \cdot 10^{-3}} \le 5 \cdot 10^3 \to P \le 179,2 \text{ kN}$$

Portanto: P = 179,2 kN

4.4.3. A estrutura de contenção, (Figura 4.19), está submetida a uma ação de empuxo do solo, onde a distribuição é linear de valores que variam de q_1 = 10 kN/m a q_2 = 30 kN/m, atuando na direção do eixo y. Sabe-se que a altura L é 5 m, e a seção transversal da estrutura é retangular de dimensão h = 40 cm e d = 15 cm. Determine as máximas tensões normais de tração e compressão e de cisalhamento da estrutura. Desconsidere o seu peso próprio.

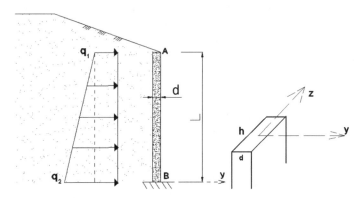

FIGURA 4.19 Estrutura de contenção e sua geometria.

Resolução

O maior momento fletor é na seção junto ao engaste, o qual pode ser obtido por equilíbrio, dividindo o carregamento trapezoidal em um trecho retangular e outro triangular, de modo que o momento da seção junto a B é dado por M = 208,33kN·m e cortante V = 100 kN.

Assim, as tensões nessa seção são dadas por:

$$\sigma = \frac{M \cdot y}{I_z} = \frac{-208,33 \cdot (-0,075)}{\frac{0,4 \cdot 0,15^3}{12}} = 138,89 \cdot 10^3 = 138,89 \text{ MPa (tração)}$$

$$\sigma = \frac{M \cdot y}{I_z} = \frac{-208,33 \cdot (0,075)}{\frac{0,4 \cdot 0,15^3}{12}} = -138,89 \cdot 10^3 = -138,89 \text{ MPa (compressão)}$$

$$\tau_{CG} = \frac{V \cdot Q_{ZCG}}{t \cdot I_z} = \frac{1,5 \cdot V}{A} = \frac{1,5 \cdot 100}{0,4 \cdot 0,15} = 2.500 \text{ kPa} = 2,5 \text{ MPa}$$

4.4.4. A viga mostrada na Figura 4.20A é feita de duas tábuas coladas e suas medidas são de 30 mm e 150 mm. Determine a tensão de ruptura da cola, usando um fator de segurança de 2. Dados: q = 13,0 kN/m, P = 0, L1 = L2 = 4 m.

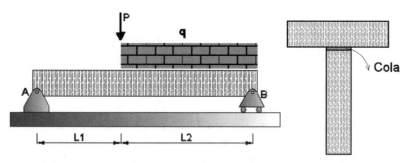

FIGURA 4.20A Viga bi-apoiada formada de tábuas.

Resolução

As características geométricas da seção são dadas por: $y_{CG} = 0,12$ m (com referência do eixo de baixo para cima) e $I_{ZCG} = 27 \cdot 10^{-6}$ m^4 (Figura 4.20B). O esforço cortante máximo ocorre na seção junto ao apoio B, de valor V = 39 kN. O momento estático na região da cola é:

$$Q_{cola} = 0,03 \cdot 0,15 \cdot 0,045 = 2,025 \cdot 10^{-4} \text{ m}^3$$

$$\tau_D = \frac{V \cdot Q_{cola}}{t \cdot I_z} = \frac{39 \cdot 2,025 \cdot 10^{-4}}{0,03 \cdot 27 \cdot 10^{-6}} = 9.750 \text{ kPa} = 9,75 \text{ MPa}$$

O coeficiente de segurança é obtido por: coef. segurança = $FS = \frac{\tau_{rup\,cola}}{\tau_{adm}} > 1,0$
Portanto: $\tau_{RUP\_COLA} = 2 \cdot \tau = 19,5$ MPa

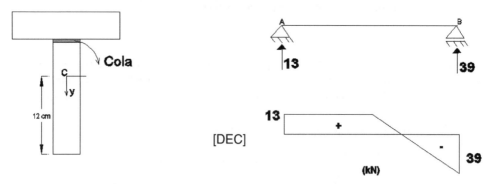

FIGURA 4.20B e C (b) Seção transversal com posição do centroide; (c) diagrama de esforço cortante.

4.4.5. Para a viga mostrada na Figura 4.20, considere a seção transversal da Figura 4.21A, adotando P = 40 kN, q = 40 kN/m, L1 = 2 m, L2 = 3 m. Determine a distribuição de tensões cisalhantes na seção mais crítica.

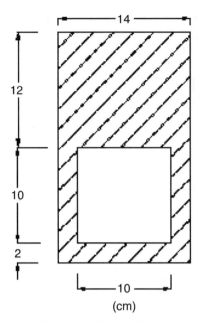

FIGURA 4.21A Seção transversal do retângulo vazado.

Resolução

Obtendo o diagrama de esforço cortante, mostra-se que o cortante máximo ocorre junto ao apoio B de valor V = 100 kN.

As características geométricas da seção são dadas por: y_{CG} = 9,88 cm, I_{ZCG} = 11.735,3 · 10^{-8} m⁴, (Figura 4.21B) As tensões cisalhantes no centroide e nas seções AA', BB', CC' e DD' são:

$$\tau_{CG} = \frac{V \cdot Q_{ZCG}}{t \cdot I_z} = \frac{100 \cdot 683,49 \cdot 10^{-6}}{0,14 \cdot 11.735,3 \cdot 10^{-8}} = 4,1 \text{ MPa}$$

$$\tau_{AA'} = \frac{100 \cdot 652,06 \cdot 10^{-6}}{0,14 \cdot 11.735,3 \cdot 10^{-8}} = 4 \text{ MPa}$$

$$\tau_{BB'} = \frac{100 \cdot 652,06 \cdot 10^{-6}}{0,04 \cdot 11.735,3 \cdot 10^{-8}} = 13,9 \text{ MPa}$$

$$\tau_{CC'} = \frac{100 \cdot 367,32 \cdot 10^{-6}}{0,04 \cdot 11.735,3 \cdot 10^{-8}} = 7,9 \text{ MPa}$$

$$\tau_{DD'} = \frac{100 \cdot 367,32 \cdot 10^{-6}}{0,14 \cdot 11.735,3 \cdot 10^{-8}} = 2,2 \text{ MPa}$$

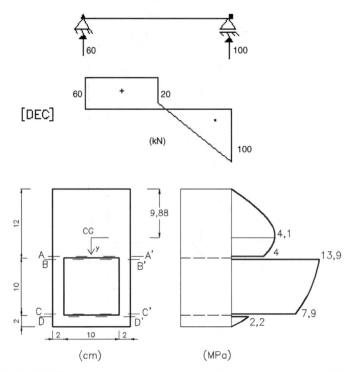

FIGURA 4.21B-D (b) Diagrama de esforço cortante; (c) posição do centroide e região dos cortes; (d) distribuição das tensões cisalhantes.

4.4.6. Determinar as mínimas tensões de ruptura (ou tensões limites) de tração, compressão e cisalhamento que deve ter o material que constitui a viga da Figura 4.22A, sabendo-se que a mesma deve trabalhar com um coeficiente de segurança igual a 2,0 para as tensões normais e igual a 1,4 para a tensão cisalhante. Considerar q = 20 kN/m e H = 80 kN (aplicado no centro geométrico da seção transversal).

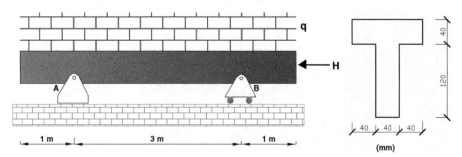

FIGURA 4.22A Viga biapoiada com balanços com ações e seção transversal.

Resolução

Os diagramas de esforços normal, cortante e momento fletor são apresentados na Figura 4.22B. As características geométricas da seção são dadas por: y_{CG} 6 cm, I_{ZCG} = 2,176 · 10^{-5} m^4 (Figura 4.22C). A tensão normal máxima de compressão deve ser verificada na seção central nas fibras superiores e a seção junto ao apoio B, a direita da barra, nas fibras inferiores:

Seção central:

$$\sigma_{comp} = \frac{M \cdot y}{I_{ZCG}} + \frac{N}{A} \rightarrow \frac{12,5 \cdot (-0,06)}{2,176 \cdot 10^{-5}} + \frac{-80}{2 \cdot 0,04 \cdot 0,12} = -42.800,2 \text{ (kPa)} = -42,8 \text{ (MPa)}$$

Seção junto ao apoio a direita de B: $\sigma_{comp} = \frac{-10 \cdot (0,1)}{2,176 \cdot 10^{-5}} + \frac{-80}{2 \cdot 0,04 \cdot 0,12} = -54,3$ (MPa)

Pelos diagramas, a tensão máxima de tração deve ocorrer ou na seção de momento máximo, nas fibras inferiores, mas existe a parcela de compressão que diminui valor de tração, ou na seção a esquerda do apoio A, nas fibras superiores, onde não há esforço normal. Assim, podem-se avaliar ambas as seções por segurança:

Seção central: $\sigma_{trac} = \frac{M \cdot y}{I_{ZCG}} + \frac{N}{A} \rightarrow \frac{12,5 \cdot (0,1)}{2,176 \cdot 10^{-5}} + \frac{-80}{2 \cdot 0,04 \cdot 0,12} = 49,1$ (MPa)

Seção à esquerda do apoio A: $\sigma_{trac} = \frac{M \cdot y}{I_{ZCG}} + \frac{N}{A} \rightarrow \frac{-10 \cdot (-0,06)}{2,176 \cdot 10^{-5}} = 27,6$ (MPa)

A tensão máxima cisalhante, pelo diagrama de cortante, ocorre na seção próxima aos apoios, na linha do centroide, o momento estático é calculado como: $Q_{ZC} = (0,1 \cdot 0,04) \cdot 0,5 = 2 \cdot 10^{-4}$ m³ e a tensão cisalhante:

$$\tau_{max} = \frac{V \cdot Q_{zc}}{t \cdot I_z} = \frac{30 \cdot 2 \cdot 10^{-4}}{0,04 \cdot 2,176 \cdot 10^{-5}} = 6,9 \text{ MPa}$$

Portanto: $\tau_{rum} = FS \cdot \tau = 9,7$ MPa; $\sigma_{rup} = FS \cdot \sigma_{comp} = 108,6$ MPa (compressão) $\sigma_{rup} = FS \cdot \sigma_{trac}$ MPa (tração)

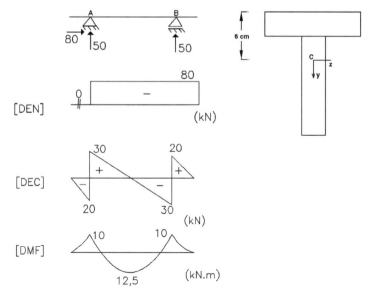

FIGURA 4.22B e C (b) Diagrama de esforço cortante; (c) posição do centroide.

4.4.7. Sabendo-se que a seção transversal da viga da Figura 4.23A é formada por um perfil "U", a qual foi obtida pela colagem de perfis retangulares de madeira nas regiões indicadas, obtenha a carga distribuída máxima admissível ($\bar{q}$). São dadas as seguintes tensões admissíveis para a madeira e para a cola:

Madeira: $\bar{\sigma}_{tração} = 60$ MPa; $\bar{\sigma}_{compressão} = 150$ MPa; Cola : $\bar{\tau} = 5,5$ MPa.

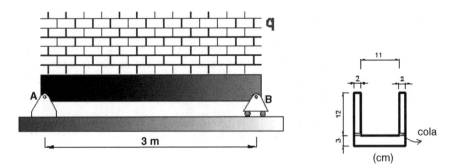

FIGURA 4.23A Viga biapoiada com carga distribuída e sua seção transversal.

Resolução

a) Determinando o diagrama de momento fletor:

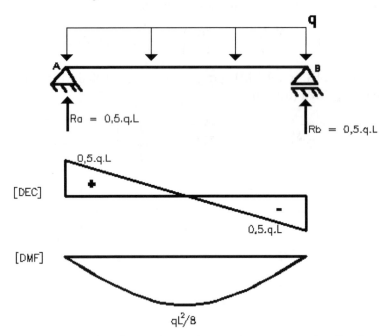

FIGURA 4.23B Diagrama de esforços da viga biapoiada com carga distribuída.

b) Obter características geométricas, conforme Figura 4.23C: $y_{CG} = 9,63$ cm

$(I_z)_{CG} = 2 \cdot [288 + (-3,63)^2 \cdot 24] + [33,75 + (3,87)^2 \cdot 45] = 1916,2$ cm^4 $= 1916,2 \cdot 10^{-8}$ m^4

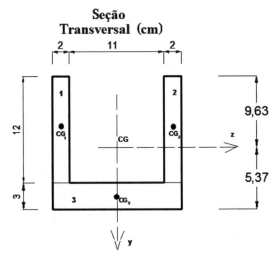

FIGURA 4.23C Divisão da seção transversal para obter centroide e momento de inércia.

Análise de tensões normais:
Momento máximo ocorre na seção central e de valor: $M_{máx} = q \cdot 3^2/8 = 1,125 \cdot q$

$$\sigma_{inf} = \frac{M \cdot y_{inf}}{I_z} = \frac{1,125q \cdot (0,0537)}{1916,2 \cdot 10^{-8}} \text{(tração)}$$

$$\rightarrow \frac{1,125q \cdot (0,0537)}{1916,2 \cdot 10^{-8}} \leq \sigma_{tração} = 60 \cdot 10^3 \text{ (kPa)}$$

$$\rightarrow q \leq 19,0 \text{ (kN/m)}$$

$$\sigma_{sup} = \frac{M \cdot y_{sup}}{I_z} = \frac{1,125q \cdot (-0,0963)}{1916,2 \cdot 10^{-8}} \text{(compressão)}$$

$$\rightarrow \left| \frac{1,125q \cdot (0,0963)}{1916,2 \cdot 10^{-8}} \right| \leq \sigma_{compressão} = 150 \cdot 10^3 \text{ (kPa)}$$

$$\rightarrow q \leq 26,5 \text{ (kN/m)}$$

Análise de tensão cisalhante: Pelo diagrama: $V = 1,5q$

$$\tau_{cola} = \frac{V \cdot Q_{cola}}{t \cdot I_z} = \frac{1,5 \cdot q \cdot 1,742 \cdot 10^{-4}}{0,04 \cdot 1916,2 \cdot 10^{-8}} \leq \bar{\tau}_{cola} = 5,5 \cdot 10^3 \rightarrow q \leq 16,1 \text{ kN/m}$$

Portanto: $q_{máx} = 16,1$ kN/m

4.4.8. O poste da Figura 4.24A é engastado no solo e tem uma força concentrada devido ao peso dos cabos de energia elétrica de P = 5 kN, de modo a estar atuando no seu plano médio, inclinado com a vertical em um ângulo de θ = 30°. A força P e as cotas das distâncias estão com referência ao centroide da ST. Adote, b = 500 mm, h = 300 mm, t = 50 mm. Obtenha a distribuição da tensão cisalhante da ST de AB.

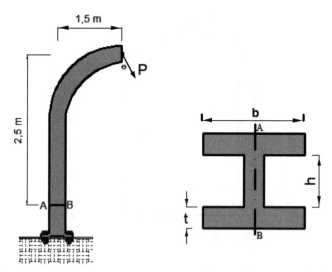

FIGURA 4.24A Geometria e força do poste engastado e sua seção transversal.

Resolução

Fazendo a decomposição da força, na seção AB o cortante é dado por V = 2,5 kN.

As características geométricas da seção são dadas por: $I_{ZCG} = 1{,}654 \cdot 10^{-3}$ m^4 $Q_{ZCG} = 4{,}937 \cdot 10^{-3}$ m^3 e $Q_{ZAA'} = 4{,}375 \cdot 10^{-3}$ m^3 (Figura 4.24B).

As tensões cisalhantes no centroide e na seção AA' e BB' são obtidas a seguir e indicadas na Figura 4.24C.

$$\tau_{CG} = \frac{V \cdot Q_{ZCG}}{t \cdot I_z} = \frac{2{,}5 \cdot 4{,}937 \cdot 10^{-3}}{0{,}05 \cdot 1{,}654 \cdot 10^{-3}} = 149{,}2 \text{ kPa};$$

$$\tau_{AA'} = \frac{2{,}5 \cdot 4{,}375 \cdot 10^{-3}}{0{,}05 \cdot 1{,}654 \cdot 10^{-3}} = 132{,}2 \text{ kPa};$$

$$\tau_{BB'} = \frac{2{,}5 \cdot 4{,}375 \cdot 10^{-3}}{0{,}5 \cdot 1{,}654 \cdot 10^{-3}} = 13{,}2 \text{ kPa}$$

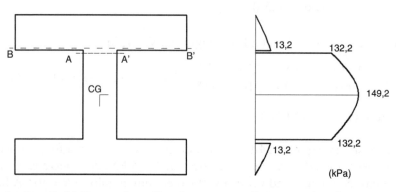

FIGURA 4.24B e C (b) Pontos de análise de tensão cisalhante; (c) distribuição das tensões cisalhantes.

4.4.9. Para o pilar da Figura 4.25, sabe-se que as forças atuam paralelas aos eixos indicados e passam pelo centroide da seção. Sabendo que o material possui $\bar{\tau} = 10$ MPa, h = 80 mm e t = 10 mm, obtenha os máximos valores de P e H.

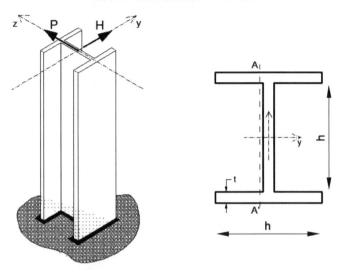

FIGURA 4.25 Geometria e força do poste engastado e sua seção transversal com corte AA'.

Resolução

Os momentos de inércia em relação ao seu centroide são: $I_z = 8{,}6 \cdot 10^5$ m^4, $I_y = 3{,}6 \cdot 10^6$ mm^4. Os momentos estáticos são: $Q_{ZCG} = 17 \cdot 10^3$ mm^3, $Q_{ZAA'} = 15{,}75 \cdot 10^3$ mm^3 e $Q_{YCG} = 44 \cdot 10^3$ mm^3. A determinação da força admissível na direção y é dada por:

$$\tau_{YCG} = \frac{P \cdot Q_{YCG}}{t_y \cdot I_y} = \frac{P \cdot 44 \cdot 10^{-6}}{0{,}01 \cdot 3{,}6 \cdot 10^{-6}} \leq \bar{\tau} = 10 \cdot 10^3 \rightarrow P \leq 8{,}4 \text{ kN}$$

A determinação da força admissível na direção z é dada pela verificação no centroide e na seção AA':

$$\tau_{ZCG} = \frac{H \cdot Q_{ZCG}}{t_z \cdot I_z} = \frac{H \cdot 17 \cdot 10^{-6}}{0{,}1 \cdot 8{,}6 \cdot 10^{-7}} \leq \bar{\tau} = 10 \cdot 10^3 \rightarrow H \leq 50{,}6 \text{ kN}$$

$$\tau_{ZAA'} = \frac{H \cdot Q_{ZAA'}}{t_z \cdot I_z} = \frac{H \cdot 15{,}75 \cdot 10^{-6}}{0{,}02 \cdot 8{,}6 \cdot 10^{-7}} \leq \bar{\tau} = 10 \cdot 10^3 \rightarrow H \leq 10{,}9 \text{ kN}$$

Portanto: $P_{máx} = 8{,}4$ kN $H_{máx} = 10{,}9$ kN

Cisalhamento em seções compostas de paredes finas

4.4.10. Uma viga de madeira é composta de dois caibros retangulares que são mantidos unidos por parafusos de aço de diâmetro de 10 mm alinhados e espaçados de 10 cm, vide Figura 4.26. Determine a máxima força cortante admissível que atua na vertical. Considere atrito entre caibros nulos. Dados: B = 100 mm, H = 60 mm; $\bar{\tau}_{madeira} = 10$ MPa; $\bar{\tau}_{aço} = 400$ MPa.

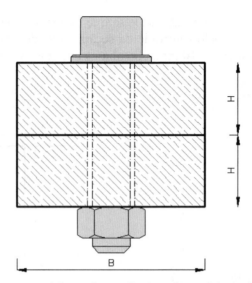

FIGURA 4.26 Seção transversal formada por lâminas de madeira unidas por parafuso.

Resolução

O momento de inércia e momento estático em relação ao centroide são:

$$I = \frac{0{,}1 \cdot 0{,}12^3}{12} = 1{,}44 \cdot 10^{-5} \text{ m}^4 \text{ e } Q_{CG} = 0{,}1 \cdot 0{,}06 \cdot 0{,}03 = 1{,}8 \cdot 10^{-4} \text{ m}^3$$

A força V vertical gera uma tensão cisalhante máxima no centroide da seção retangular da madeira, que é obtida por:

$$\tau_{CG} = \frac{V \cdot Q_{CG}}{t \cdot I} = 1{,}5 \cdot \frac{V}{A} = 1{,}5 \cdot \frac{V}{0{,}1 \cdot 0{,}12} \leq \overline{\tau}_{madeira} = 10 \cdot 10^3 \rightarrow V \leq 80 \text{ kN}$$

A tensão cisalhante entre os caibros será suportada por parafuso e atrito nulo, e seu valor admissível deve ser:

$$\tau_{paraf} = \frac{\overline{V}_{paraf}}{A} \leq \overline{\tau}_{aco} \rightarrow \overline{V}_{paraf} \leq \left(\pi \cdot 0{,}01^2 / 4\right) \cdot 400 \cdot 10^3 \rightarrow \overline{V}_{paraf} \leq 31{,}4 \text{ kN}$$

O fluxo de cisalhamento entre os caibros é obtido por:

$$q = \frac{V \cdot Q_{CG}}{I} = \frac{V \cdot 1{,}8 \cdot 10^{-4}}{1{,}44 \cdot 10^{-5}} = 12{,}5 \text{ V (kN/m)}$$

O espaçamento entre os parafusos é $s = 10$ cm. Assim, cada parafuso deve ser solicitado por:

$$V_{paraf} = q \cdot s = 12{,}5 \text{ V} \cdot 0{,}1 = 1{,}25 \text{ V}$$

$$\text{E } V_{paraf} \leq \overline{V}_{paraf} \rightarrow 1{,}25 \text{ V} \leq 31{,}4 \rightarrow V \leq 25{,}1 \text{ kN}$$

Portanto: $V_{máx} = 25{,}1$ kN

4.4.11. Calcule as tensões cisalhantes nos pontos A, B, C e D da ST indicada na Figura 4.27A. Esboce o diagrama de sua distribuição ao longo da ST, indicando seus valores extremos. Dados: V = 350 kN, I_{zcg} = 34.923 cm⁴.

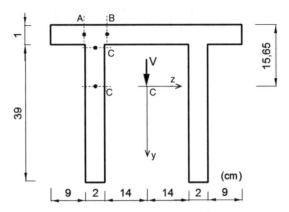

FIGURA 4.27A Seção transversal tipo "pi" sob força cortante V.

Resolução

De acordo com a Figura 4.27B as tensões nos pontos A, B, C e D são obtidos por:

$$\tau_i = \frac{V \cdot Q_{si}}{t_i \cdot I_z}$$

Os momentos estáticos podem ser determinados para cada ponto, de modo a se ter:

$$Q_{sA} = A_1 \cdot y_A = 1 \cdot 9 \cdot 15{,}15 = 136{,}35 \text{ cm}^3$$

$$Q_{sB} = A_2 \cdot y_A = 1 \cdot 14 \cdot 15{,}15 = 212{,}1 \text{ cm}^3$$

$$Q_{sC} = (A_1 + A_2 + A_3) \cdot y_A = 1 \cdot (9 + 2 + 14) \cdot 15{,}15 = 378{,}75 \text{ cm}^3$$

$$Q_{sD} = A_4 \cdot y_B = 2 \cdot (40 - 15{,}65)^2 / 2 = 592{,}92 \text{ cm}^3$$

$$\tau_i = \frac{350 \cdot Q_{si}}{t_i \cdot 34923} = \frac{Q_{si}}{99{,}78 \cdot t_i}$$

$$\tau_A = \frac{136{,}35}{99{,}78 \cdot 1} = 1{,}37 \text{ kN/cm}^2$$

$$\tau_B = \frac{212{,}1}{99{,}78 \cdot 1} = 2{,}13 \text{ kN/cm}^2$$

$$\tau_C = \frac{378{,}75}{99{,}78 \cdot 2} = 1{,}90 \text{ kN/cm}^2$$

$$\tau_D = \frac{592{,}92}{99{,}78 \cdot 2} = 2{,}97 \text{ kN/cm}^2$$

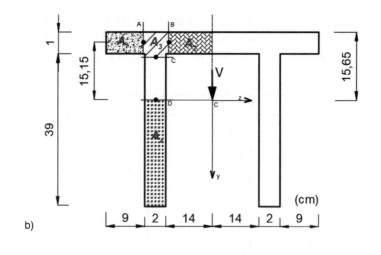

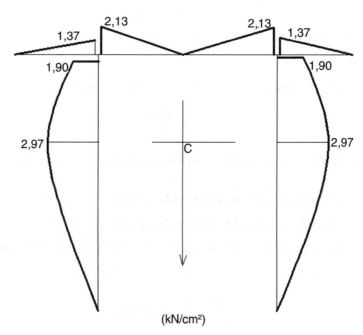

FIGURA 4.27B e C (b) Seção transversal com esforço cortante V; (c) distribuição final das tensões cisalhantes.

4.4.12. Para a ST da Figura 4.28A, sabendo-se que V = 112 kN, apresente as distribuições de tensões cisalhantes ao longo da ST, indicando seus valores extremos.

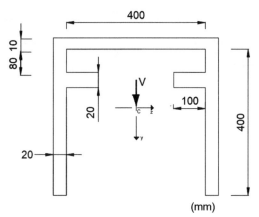

FIGURA 4.28A Seção transversal sob força cortante V.

O centroide e o seu momento de inércia (I_Z), vide Figura 4.28B, são dados por: y_{cg} = 255 mm, I_z = 37.300 × 10^4 mm^4. De acordo com a Figura 4.28B, as tensões nos pontos A, B, C e D são obtidos por: $\tau_i = \dfrac{V \cdot Q_{si}}{t_i \cdot I_z}$.

Os momentos estáticos podem ser determinados para cada ponto, de modo a se ter:

$$Q_{sA} = 0$$

$$Q_{sB} = 10 \cdot 200 \cdot 150 = 300.000 \text{ mm}^3$$

$$Q_{sC} = 220 \cdot 10 \cdot 150 = 330.000 \text{ mm}^3$$

$$Q_{sD} = 100 \cdot 20 \cdot 55 = 110.000 \text{ mm}^3$$

$$Q_{sE} = Q_{sc} + Q_{sD} + 100 \cdot 20 \cdot 95 = 630.000 \text{ mm}^3$$

$$Q_{sF} = 255 \cdot 127,5 \cdot 20 = 650.250 \text{ mm}^3$$

$$\tau_i = \dfrac{112 \cdot 10^3 \cdot Q_{si}}{t_i \cdot 37300 \cdot 10^4} = \dfrac{Q_{si}}{3.330,36 \cdot t_i} \quad \tau_A = 0$$

$$\tau_B = \dfrac{300.000}{3.330,36 \cdot 10} = 9,0 \text{ N/mm}^2$$

$$\tau_C = \dfrac{330.000}{3.330,36 \cdot 20} = 5,0 \text{ N/mm}^2$$

$$\tau_D = \dfrac{110.000}{3.330,36 \cdot 20} = 1,6 \text{ N/mm}^2$$

$$\tau_E = \dfrac{630.000}{3.330,36 \cdot 20} = 9,5 \text{ N/mm}^2$$

$$\tau_F = \dfrac{650.250}{3.330,36 \cdot 20} = 9,8 \text{ N/mm}^2$$

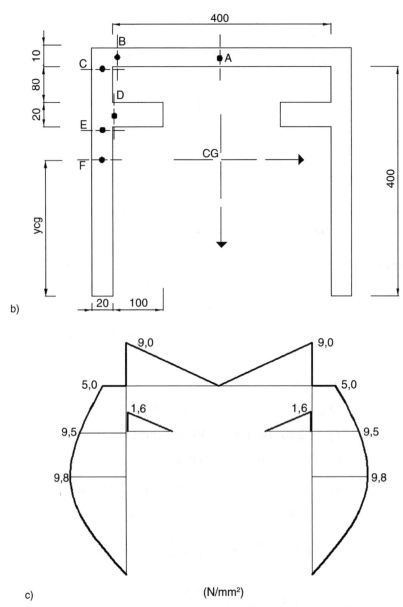

FIGURA 4.28B e C (b) Seção transversal com centroide e pontos para cálculo de tensões V; (c) distribuição final das tensões cisalhantes no perfil.

4.4.13. Considere a ST da Figura 4.29A, com h = 20 mm, b1 = b2 = 80 mm, H = 120 mm e V = 100 kN. Apresente as distribuições de tensões cisalhantes ao longo de cada ST, indicando seus valores extremos.

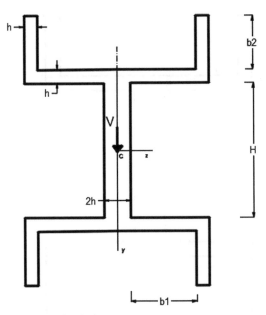

FIGURA 4.29A Seção transversal sob força cortante V.

Resolução

O centroide e o seu momento de inércia (I_Z) — Figura 4.29A —, são dados por: y_{CG} = 160 mm, I_z = 148.693.333,33 mm⁴. De acordo com a Figura 4.29B, as tensões nos pontos A, B, C e D são obtidos por: $\tau_i = \dfrac{V \cdot Q_{s_i}}{t_i \cdot I_z}$

Os momentos estáticos podem ser determinados para cada ponto, de modo a se ter:

$$Q_{sA} = 100 \cdot 20 \cdot 110 = 220.000 \text{ mm}^3$$
$$Q_{sB} = Q_{sA} + 80 \cdot 20 \cdot 70 = 332.000 \text{ mm}^3$$
$$Q_{sc} = 2 \cdot (80 \cdot 20 \cdot 120 + 120 \cdot 20 \cdot 70) = 720.000 \text{ mm}^3$$
$$Q_{scg} = Q_{sc} + 60 \cdot 40 \cdot 30 = 792.000 \text{ mm}^3$$

$$\tau_i = \frac{100 \cdot 10^3 \cdot Q_{s_i}}{t_i \cdot 148.693.333,33} = \frac{Q_{s_i}}{1.486,93 \cdot t_i}$$

$$\tau_A = \frac{220.000}{1.486,93 \cdot 20} = 7,4 \text{ N/mm}^2$$

$$\tau_B = \frac{332.000}{1.486,93 \cdot 20} = 11,2 \text{ N/mm}^2$$

$$\tau_C = \frac{720.000}{1.486,93 \cdot 40} = 12,1 \text{ N/mm}^2$$

$$\tau_{CG} = \frac{792.000}{1.486,93 \cdot 40} = 13,3 \text{ N/mm}^2$$

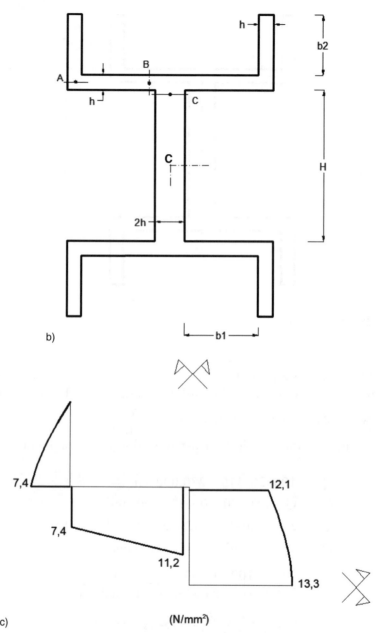

FIGURA 4.29B e C (b) Seção transversal com centroide e pontos para cálculo de tensões cisalhantes; (c) distribuição final das tensões cisalhantes no perfil, usando a bissimetria da seção.

Centro de cisalhamento em seções de paredes finas

4.4.14. Para a seção transversal da Figura 4.30A, obtenha a posição do centro de cisalhamento. Medidas tomadas do eixo médio da seção.

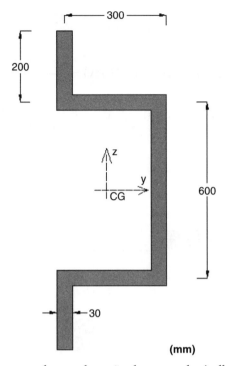

FIGURA 4.30A Seção transversal para obtenção de centro de cisalhamento.

Resolução

O momento de inércia (I_y) com relação ao centroide é:

$$I_y = 2\left(\frac{30 \cdot 200^3}{12} + 400^2 \cdot 30 \cdot 200\right) + 2\left(\frac{300 \cdot 30^3}{12} + 300^2 \cdot 300 \cdot 30\right)$$

$$+ \left(\frac{30 \cdot 600^3}{12}\right) = 4{,}12 \cdot 10^9 \text{ mm}^4$$

De acordo com a Figura 4.30B, as tensões nos trechos 1, 2 e 3 são dadas por:

$$\tau_1 = \frac{V \cdot 400 \cdot 30 \cdot 200}{30 \cdot I_y} = \frac{80.000\,V}{I_y}$$

$$\tau_2 = \tau_1 + \frac{V \cdot (30 \cdot k) \cdot 300}{30 \cdot I_y} = \frac{100V}{I_y}(800 + 3k)$$

$$\tau_3 = \tau_2 + \frac{V \cdot (300^2 - y^2) \cdot 30/2}{30 \cdot I_y} = \frac{V}{2I_y}(430 \cdot 10^3 - y^2)$$

Realizando as integrações para obter as forças resultantes, conforme indicado na Figura 4.30C, e realizando equilíbrio de momento com relação ao polo "O", chega-se ao centro de cisalhamento indicado na Figura 4.30C.

$$F_2 = \int_0^{300} \tau_2 dA = \int_0^{300} \frac{100 \cdot V}{I_y}(800 + 3 \cdot k)(30 dk) = \frac{1{,}125 \cdot 10^9 V}{I_y}$$

$$F_3 = \int_0^{300} \tau_3 dA = \int_0^{300} \frac{V}{2I_y}(430 \cdot 10^3 - y^2)(30 dy) = \frac{1{,}8 \cdot 10^9 V}{I_y}$$

$$\sum M_O = 0 \rightarrow 2 \cdot F_3 \cdot 300 + F_2 \cdot 600 = d \cdot V \rightarrow d = \frac{1{,}755 \cdot 10^{12} V}{4{,}12135 \cdot 10^9 V} = 425{,}8 \text{ mm}$$

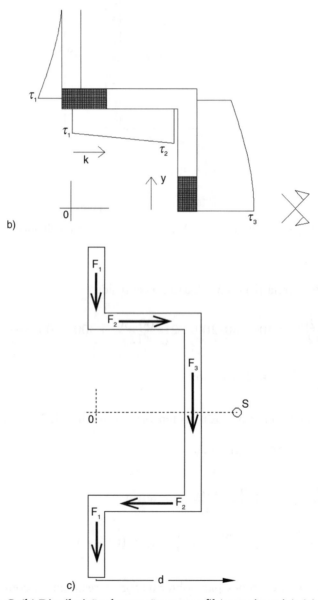

FIGURA 4.30B e C (b) Distribuição das tensões no perfil (com simetria); (c) resultantes das forças no perfil e posição do centro de cisalhamento.

4.4.15. Idem ao exercício 4.4.14, com a seção da Figura 4.31A.

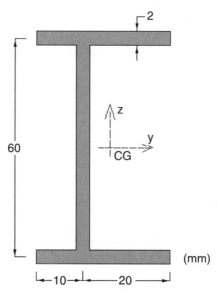

FIGURA 4.31A Seção transversal para obtenção de centro de cisalhamento.

Resolução

O momento de inércia (I_y) com relação ao centroide é:

$$I_y = 2\left(\frac{30 \cdot 2^3}{12} + 30^2 \cdot 30 \cdot 2\right) + \left(\frac{2 \cdot 58^3}{12}\right) = 140.559 \text{ mm}^4$$

De acordo com a Figura 4.31B, as tensões nos trechos 1, 2 são dadas por:

$$\tau_1 = \frac{V \cdot (2 \cdot k) \cdot 30}{2 \cdot I_y} = \frac{30 \cdot V \cdot k}{I_y} \quad \tau_2 = \frac{V \cdot (2 \cdot k) \cdot 30}{2 \cdot I_y} = \frac{30 \cdot V \cdot k}{I_y}$$

Realizando as integrações para obter as forças resultantes, conforme indicado na Figura 4.32C e realizando equilíbrio de momento com relação ao polo "O", chega-se ao centro de cisalhamento indicado na Figura 4.32C.

$$F_1 = \int_0^{20} \tau_1 dA = \int_0^{20} \frac{30 \cdot V \cdot k}{I_y} (2dk) = \frac{12.000\,V}{I_y}$$

$$F_2 = \int_0^{10} \tau_2 dA = \int_0^{10} \frac{30 \cdot V \cdot k}{I_y} (2dk) = \frac{3.000\,V}{I_y}$$

$$\sum M_O = 0 \rightarrow F_1 \cdot 60 = F_2 \cdot 60 + d \cdot V \rightarrow d = \frac{540.000\,V}{I_y} = 3{,}84 \text{ mm}$$

Assim, o centro de cisalhamento é indicado na Figura 4.31C.

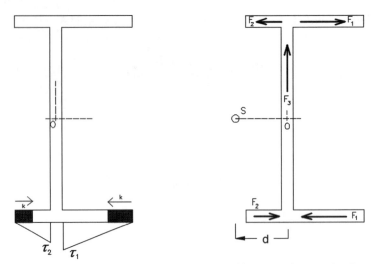

FIGURA 4.31B e C (b) Distribuição das tensões no perfil; (c) resultantes das forças no perfil e posição do centro de cisalhamento.

4.4.16. Idem ao exercício 4.4.14, com a seção da Figura 4.32A.

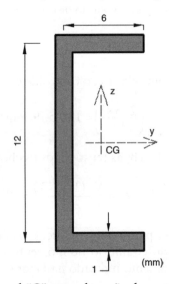

FIGURA 4.32A Seção transversal "C" para obtenção de centro de cisalhamento.

Resolução

O momento de inércia (I_y) com relação ao centroide é:

$$I_y = 2\left(\frac{6 \cdot 1^3}{12} + 6^2 \cdot 6 \cdot 1\right) + \left(\frac{1 \cdot 12^3}{12}\right) = 577 \text{ mm}^4$$

De acordo com a Figura 4.32B, a tensão no trecho 1 é dada por:

$$\tau_1 = \frac{V \cdot (1 \cdot k) \cdot 6}{1 \cdot I_y} = \frac{6 \cdot V \cdot k}{I_y}$$

Realizando as integrações para obter as forças resultantes, conforme indicado na Figura 4.32C e realizando equilíbrio de momento com relação ao polo "O", chega-se ao centro de cisalhamento indicado na Figura 4.31C.

$$F_1 = \int_0^6 \tau_1 dA = \int_0^6 \frac{6 \cdot V \cdot k}{I_y} \, dk = \frac{108 V}{I_y}$$

$$\sum M_O = 0 \rightarrow F_1 \cdot 12 = d \cdot V \rightarrow d = \frac{12 \cdot 108 V}{V \cdot I_y} = 2,25 \text{ mm}$$

Assim, o centro de cisalhamento é indicado na Figura 4.32B.

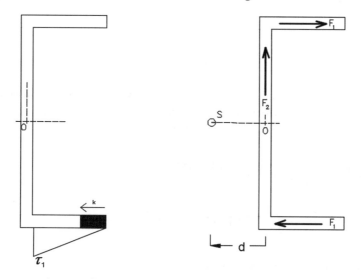

FIGURA 4.32B e C **(b) Distribuição das tensões no perfil (com simetria); (c) resultantes das forças no perfil e posição do centro de cisalhamento.**

4.4.17. Idem ao exercício 4.4.14, com a seção da Figura 4.33A.

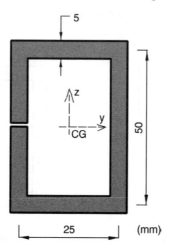

FIGURA 4.33A **Seção transversal para obtenção de centro de cisalhamento.**

Resolução

O momento de inércia simplificado (I_y) de uma seção de parede fina do retângulo de espessura δ, e medidas em relação ao seu eixo médio, de base (b) e altura (h), é dado por $I_y = \dfrac{h^2 \cdot \delta}{2}\left(b + \dfrac{h}{3}\right)$.

No problema fica definido como: $I_y = \dfrac{50^2 \cdot 5}{2}\left(25 + \dfrac{50}{3}\right) = 260.416{,}67 \text{ mm}^4$. De acordo com a Figura 4.33B, as tensões nos trechos 1, 2 são dadas por:

$$\tau_1 = \dfrac{V \cdot \dfrac{5 \cdot y^2}{2}}{5 \cdot I_y} = \dfrac{V \cdot y^2}{2 \cdot I_y}$$

$$\tau_2 = \tau_1(y = 25) + \dfrac{V \cdot (25 \cdot 5 \cdot k)}{5 \cdot I_y} = \dfrac{25V}{I_y}(12{,}5 + k)$$

Realizando as integrações para obter as forças resultantes, conforme indicado na Figura 4.33C, e fazendo equilíbrio de momento com relação ao polo "O", chega-se ao centro de cisalhamento indicado na Figura 4.33C.

$$F_1 = \int_0^{25} \tau_1 dA = \int_0^{25} \dfrac{V \cdot y^2}{2 \cdot I_y}(5dy) = \dfrac{13.020{,}83 V}{I_y}$$

$$F_2 = \int_0^{25} \tau_2 dA = \dfrac{25 \cdot V}{I_y}\int_0^{25}(12{,}5 + k)(5dk) = \dfrac{78 \cdot 125 V}{I_y}$$

$$\sum M_O = 0 \rightarrow 2 \cdot F_1 \cdot 25 + F_2 \cdot 50 = d \cdot V$$

$$\rightarrow d = \dfrac{2 \cdot (13.020{,}83V) \cdot 25 + (78.125V) \cdot 50}{V \cdot 260.416{,}67} = 17{,}5 \text{ mm}$$

Assim, o centro de cisalhamento é indicado na Figura 4.33B.

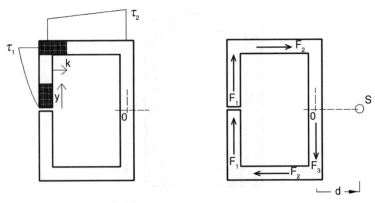

FIGURA 4.33B e C (b) Distribuição das tensões no perfil (com simetria); (c) resultantes das forças no perfil e posição do centro de cisalhamento.

Capítulo 5
Flambagem de colunas

Este capítulo trata do estudo do problema da estabilidade elástica de colunas submetidas à compressão; tal fenômeno é também conhecido como flambagem de colunas ou simplesmente flambagem. Trata-se de um problema geométrico associado à equação diferencial que descreve o comportamento de estruturas na iminência da perda de estabilidade. Serão apresentados problemas relacionados com o cálculo de cargas críticas de flambagem em diversos tipos de situação, tanto para o caso de elementos estruturais rígidos ligados por elementos elásticos quanto para o caso de elementos estruturais elásticos.

5.1 CARGA CRÍTICA E FLAMBAGEM

A perda de estabilidade elástica em estruturas submetidas à compressão é um problema de autovalores e autovetores associado a uma condição crítica que ocorre nas equações diferenciais que governam o comportamento mecânico de estruturas esbeltas, como colunas, placas, chapas e cascas.

O primeiro conceito fundamental no estudo da estabilidade elástica é a carga crítica. Em diversos tipos de análise estrutural, procura-se descrever o comportamento dos sistemas em termos qualitativos, com o uso da chamada análise $P - \delta$ Esse tipo de análise permite descrever o comportamento global da estrutura $(P - \Delta)$ ou local $(P - \delta)$, de acordo com uma força externa aplicada (P) e dos deslocamentos associados (δ ou Δ) ao grau de liberdade[1] no qual a força é aplicada. Carga crítica (P_{CR}) é uma ação de compressão que altera o estado do equilíbrio estrutural. Caso aplicada seja menor que a carga crítica ($P < P_{CR}$), assume-se que o sistema estrutural seja estável. Caso aplicada seja maior ou igual à carga crítica ($P > P_{CR}$), assume-se que o sistema estrutural seja instável.

O estado de equilíbrio de um sistema estrutural pode ser classificado em estável, instável ou indiferente. No equilíbrio estável, após a introdução de uma pequena perturbação, o sistema retorna à sua posição inicial. No equilíbrio instável, após a introdução de uma pequena perturbação no sistema, não é possível retornar à posição inicial. O fenômeno da perda de estabilidade estrutural está associado a uma condição crítica do sistema na qual o equilíbrio assume um comportamento instável. No equilíbrio indiferente, após a introdução de uma pequena perturbação, o sistema não retorna à posição inicial, mas se estabiliza em uma posição muito próxima.

---

[1] Graus de liberdade são direções cartesianas, nas quais podem ser aplicados deslocamentos ou forças em um sistema estrutural discretizado. É um termo fundamental usado na área de métodos numéricos aplicados em engenharia.

O conceito de flambagem de colunas é relacionado com um fenômeno caracterizado pela mudança no estado de equilíbrio de estável para instável. Em termos de dimensionamento, procura-se evitar a carga crítica (P_{CR}). No caso estático, as chamadas cargas críticas de flambagem estão associadas aos autovalores do sistema de equações que governa o problema estático.

5.1.1 Carga crítica em colunas rígidas

As colunas são consideradas rígidas quando o módulo de rigidez à flexão (E.I) for elevado e as deformações por flexão forem praticamente desprezíveis na análise. Portanto, a cinemática da coluna rígida na iminência da perda de estabilidade é descrita como um movimento de corpo rígido. Na Figura 5.1 apresenta-se uma coluna rígida bi-apoiada, sendo que um dos apoios é flexível (com constante elástica k_{MOLA}). Esse tipo de apoio representado no nó B apresenta resistência apenas da direção da mola unidimensional. A possibilidade de tombamento da barra para a esquerda é apresentada na figura, com suas respectivas reações de apoio. Na iminência da perda de estabilidade, a força aplicada (P) assume seu primeiro valor crítico (P_{CR}) e a barra rígida apresenta um deslocamento lateral (δ).

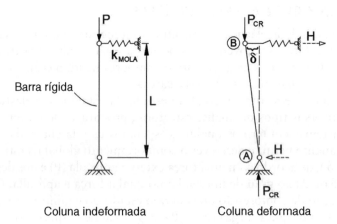

Figura 5.1 **Perda de estabilidade da coluna rígida bi-apoiada.**

A carga crítica pode ser associada à reação horizontal no apoio superior (H) por meio do equilíbrio estático.

$$\circlearrowleft \sum M_A = 0$$

$$\Rightarrow \boxed{P_{CR} = \frac{H \cdot L}{\delta}}$$

A reação horizontal no apoio superior corresponde à mesma força que atua na mola. Aplicando-se a equação de deformação em molas elásticas — Equação (5.1) —, tem-se:

$$\boxed{H = k_{MOLA} \cdot \delta} \tag{5.1}$$

$$\Rightarrow P_{CR} = \frac{(k_{MOLA} \cdot \delta) \cdot L}{\delta}$$

$$\boxed{P_{CR} = k_{MOLA} \cdot L} \tag{5.2}$$

A Equação (5.2) fornece a carga crítica de perda de estabilidade do sistema estrutural apresentado na Figura 5.1.

Para o caso de molas de rotação, deve-se utilizar um procedimento análogo ao utilizado no caso de molas lineares. Ou seja, a carga crítica pode ser associada à reação de momento no engaste elástico (M) por meio do equilíbrio estático.

$$\circlearrowleft \sum M_A = 0$$

$$\boxed{\Rightarrow P_{CR} = \frac{M}{\delta}}$$

Aplicando-se a equação de deformação em molas elásticas que trabalham à rotação, considerada a proporcionalidade entre momento (M) e giro (θ), tem-se:

$$\boxed{M = k_{MOLA} \cdot \theta}$$

$$P_{CR} = \frac{k_{MOLA} \cdot \theta}{\delta} = \frac{k_{MOLA} \cdot \left(\frac{\delta}{L}\right)}{\delta}$$

$$\boxed{P_{CR} = \frac{k_{MOLA}}{L}} \tag{5.3}$$

A Equação (5.3) fornece a carga crítica de perda de estabilidade do sistema estrutural apresentado na Figura 5.2.

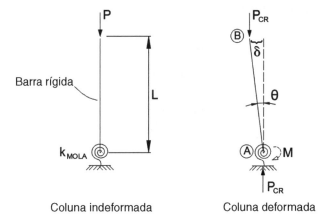

FIGURA 5.2 **Perda de estabilidade da coluna rígida engastada na base elasticamente.**

EXERCÍCIO RESOLVIDO 5.1

Encontrar o valor da carga crítica que leva o sistema estrutural apresentado na Figura 5.3A a perder sua estabilidade. Dado: $k_{MOLA} = 25$ kN/m.

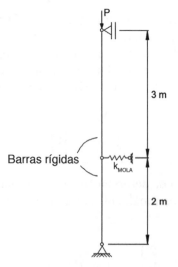

FIGURA 5.3A Sistema estrutural constituído por duas colunas articuladas.

Resolução

Inicialmente, deve-se supor a estrutura deformada após perder sua estabilidade. Na Figura 5.3B é apresentada a perda de estabilidade estrutural com deslocamento lateral da rótula intermediária para esquerda.

Considerando-se o equilíbrio de momentos estáticos acima e abaixo da rótula, obtêm-se as equações a seguir:

$$\circlearrowleft \sum M_A^{acima} = 0$$

$$-P_{CR} \cdot \delta + H_1 \cdot 3 = 0$$

$$\Rightarrow \boxed{H_1 = \frac{P_{CR}\delta}{3}}$$

$$\circlearrowleft \sum M_A^{abaixo} = 0$$

$$P_{CR} \cdot \delta - H_2 \cdot 2 = 0$$

$$\Rightarrow \boxed{H_2 = \frac{P_{CR}\delta}{2}}$$

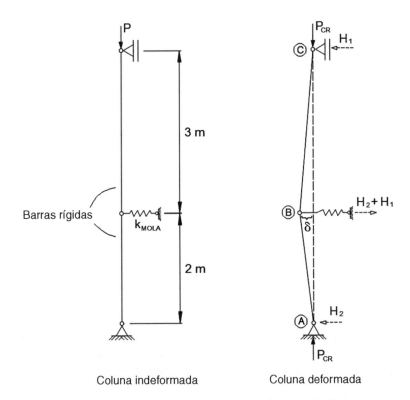

FIGURA 5.3B **Sistema estrutural constituído por duas colunas articuladas.**

A reação horizontal no apoio intermediário corresponde à soma das reações horizontais H_1 e H_2 que atuam nos outros apoios da estrutura. Essa reação horizontal ($F = H_1 + H_2$) é a força desenvolvida na mola. Aplicando-se a equação de deformação em molas elásticas — Equação (5.1) —, tem-se:

$$F = H_1 + H_2 = k_{MOLA} \cdot \delta$$

$$\frac{P_{CR} \cdot \delta}{3} + \frac{P_{CR} \cdot \delta}{2} = 25 \cdot \delta$$

$$\Rightarrow \boxed{P_{CR} = 30 \text{ kN}}$$

5.2 FLAMBAGEM DE COLUNAS ELÁSTICA
5.2.1 Carga crítica de flambagem de Euler: coluna bi-apoiada

O problema da carga crítica de flambagem de Euler consiste em encontrar o valor da força de compressão (P_{CR}) aplicada a uma coluna esbelta bi-apoiada que causa a perda de estabilidade geométrica do sistema estrutural. O problema da flambagem em colunas pode ser interpretado como a perda de estabilidade por flexão causada pela compressão axial. Na Figura 5.4 apresenta-se uma coluna bi-apoiada em duas situações distintas: inicialmente a coluna mantém sua geometria inicial e, posteriormente, inicia o processo de perda de estabilidade.

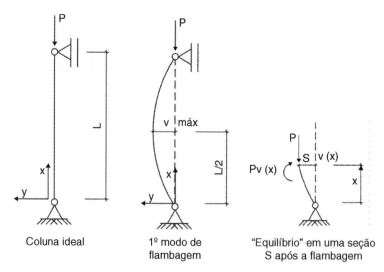

FIGURA 5.4 **Coluna bi-apoiada submetida à força de compressão axial.**

Para a obtenção da carga crítica de flambagem e seu modo de perda de estabilidade, deve-se recorrer à equação da Linha Elástica, apresentada no capítulo sobre flexão. A Figura 5.4 apresenta o equilíbrio de uma seção transversal na coluna após a flambagem, no qual se obtém um momento fletor atuante igual a:

$$\circlearrowleft M_S^{ACIMA} = -P \cdot v \tag{5.4}$$

Na Equação (5.4), o deslocamento lateral que ocorre após a flambagem da coluna é representado pela variável $v = v(x)$.

Assim, a aplicação da equação da Linha Elástica fornece:

$$M = EIv'' = -P \cdot v \tag{5.5}$$

Pode-se considerar a seguinte constante :

$$k = \sqrt{\frac{P}{EI}} \Rightarrow \boxed{k^2 = \frac{P}{EI}} \tag{5.6}$$

A partir das Equações (5.5) e (5.6) obtém-se a equação diferencial de flambagem, que é uma EDO de 2ª ordem (devido ao termo v'').

$$\boxed{v'' + k^2 v = 0} \tag{5.7}$$

A solução da EDO pode assumir uma representação complexa ou real. Para o caso da representação real, assume-se a seguinte solução:

$$\boxed{v = C_1 \operatorname{sen}(kx) + C_2 \cos(kx)} \tag{5.8}$$

$$\boxed{v' = C_1 k \cos(kx) - C_2 k \operatorname{sen}(kx)}$$

$$\boxed{v'' = C_1\, k^2\, \text{sen}(kx) - C_2\, k^2\, \cos(kx)} \tag{5.9}$$

Para verificar se a Equação (5.8) é realmente solução da E.D.O., pode-se substituir as Equações (5.8) e (5.9) na Equação (5.7), obtendo-se:

$$-C_1\, k^2\, \text{sen}(kx) - C_2\, k^2\, \cos(kx) + k^2[C_1\, \text{sen}(kx) + C_2\, \cos(kx)] = 0$$

Portanto, a Equação (5.8) atende à Equação (5.7).
Deve-se aplicar as condições de contorno para o caso específico de coluna bi-apoiada.

$$\text{Condições de contorno} \begin{cases} v(x=0) = 0 \\ v(x=L) = 0 \end{cases}$$

A aplicação da 1ª condição de contorno fornece:

$$\boxed{v(x=0)=0}$$

$$0 = C_1\, \text{sen}(0) + C_2\, \cos(0) \Rightarrow \boxed{C_2 = 0}$$

A aplicação da 2ª condição de contorno fornece:

$$\boxed{v(x=L)=0}$$
$$\boxed{0 = C_1\,\text{sen}(kL)} \tag{5.10}$$

Observa-se que se $C_1 = 0$, tem-se a solução trivial da equação ($v = 0$), que não interessa por estar associada à coluna não flambada. Assim, para a solução não trivial, tem-se:

$$\boxed{\text{sen}(kL) = 0} \tag{5.11}$$

Ou seja, $kL = n\pi$ ($n = 1, 2, \ldots$).
Na Equação (5.11), $n = 0$ induziria também a solução trivial, pois $k = 0$ e, consequentemente, $P = 0$ (sem aplicação de força de compressão).
Dessa forma, tem-se:

$$k = \sqrt{\frac{P}{EI}}$$

$$kL = n\pi \Rightarrow \boxed{\sqrt{\frac{P_{CR}}{EI}} = \frac{n\pi}{L}}$$

$$\boxed{P_{CR} = \frac{n^2\pi^2 EI}{L^2}} \quad (n = 1, 2, 3, \ldots) \tag{5.12}$$

A carga crítica de Euler está associada ao primeiro modo de flambagem ($n = 1$).

$$\boxed{P_{CR} = \frac{\pi^2 EI}{L^2}} \tag{5.13}$$

A equação da Linha Elástica fornece as formas dos modos de flambagem da coluna.

$$v = C_1 \operatorname{sen}\left(\frac{n\pi}{L}x\right) \quad (n = 1,2,3,\ldots) \tag{5.14}$$

O primeiro modo de flambagem (n = 1) é descrito pela senoide:

$$v = C_1 \operatorname{sen}\left(\frac{\pi}{L}x\right) \tag{5.15}$$

Na Equação (5.15), a constante C_1 não é definida e pode ser positiva ou negativa, indicando flambagem para a esquerda ou para a direita. O primeiro modo de Flambagem é o mais importante em termos de dimensionamento por ter o menor valor de carga crítica. Esse modo é conhecido como Flambagem de Euler. Na Figura 5.5 são apresentados os três primeiros modos de flambagem de uma coluna bi-apoiada, cuja Linha Elástica é descrita pela Equação (5.14).

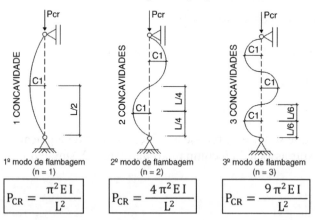

FIGURA 5.5 Três primeiros modos de flambagem da coluna bi-apoiada de Euler e suas respectivas cargas críticas.

5.2.2 Tensão crítica

A tensão crítica é definida como a tensão de compressão média atuante na seção transversal da coluna, no instante em que a força de compressão atinge seu valor crítico, referente ao primeiro Modo de Flambagem.

$$\sigma_{CR} = \frac{P_{CR}}{A} = \frac{\pi^2 E I}{A L^2} \tag{5.16}$$

Ao considerar-se o conceito de raio de giração (r), tem-se:

$$\sigma_{CR} = \frac{\pi^2 E}{\left(\dfrac{L}{r}\right)^2} \tag{5.17}$$

em que: $r = \sqrt{\dfrac{I}{A}}$.

A relação entre o comprimento da coluna (L) e o raio de giração mais desfavorável da seção (r) é conhecida como índice de esbeltez da coluna ($\lambda = L/r$).

$$\sigma_{CR} = \frac{\pi^2 E}{\lambda^2} \tag{5.18}$$

Pela Equação (5.18) percebe-se que quanto maior for o índice de esbeltez, menor será o valor da tensão crítica e, consequentemente, maior será a tendência de flambagem da coluna. Em colunas estruturais usuais o índice de esbeltez varia entre 30 e 150.

A curva de Euler é um gráfico do índice de esbeltez pela tensão crítica que fornece informações sobre o mecanismo de falha de uma coluna, considerando-se a estabilidade geométrica e o modelo constitutivo do material. Na Figura 5.6 apresenta-se a curva de Euler para uma coluna de aço estrutural, com modelo constitutivo elastoplástico perfeito. Até um índice de esbeltez limite (λ_{LIM}), o mecanismo de falha da coluna se dará pelo escoamento, para o caso de material dúctil. A partir do índice de esbeltez limite o mecanismo de falha da coluna se dará por perda de estabilidade elástica (flambagem). Assim, é possível projetar colunas considerando-se o mecanismo de falha desejado. O projeto com falha elastoplástica é mais seguro que o projeto com falha por flambagem.

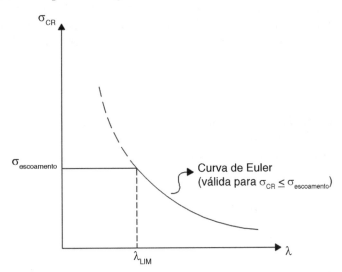

Figura 5.6 Curva de Euler típica de uma coluna de aço estrutural elastoplástico perfeito.

5.2.3 Efeito das condições de contorno na flambagem de colunas

O problema da carga crítica de flambagem de Euler foi desenvolvido para o caso de coluna bi-apoiada. O comportamento da perda de estabilidade por flambagem em colunas muda para diferentes condições de contorno aplicadas ao problema. Na Figura 5.7 apresenta-se uma coluna engastada na base e livre no topo em duas situações distintas: inicialmente a coluna mantém sua geometria inicial e, posteriormente, inicia o processo de perda de estabilidade.

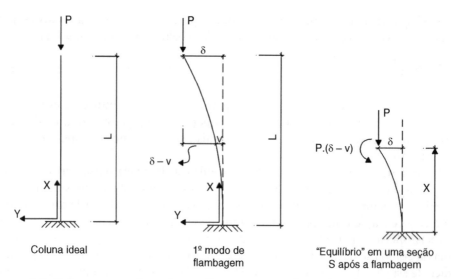

FIGURA 5.7 **Coluna engastada na base e livre no topo submetida à força de compressão axial.**

Para a obtenção da carga crítica de flambagem e seu modo de perda de estabilidade, deve-se recorrer à equação da Linha Elástica. A Figura 5.7 apresenta o equilíbrio de uma seção transversal na coluna após a flambagem, no qual se obtém um momento fletor atuante igual a:

$$\circlearrowleft M_S^{ACIMA} = P(\delta - v) \tag{5.19}$$

Na Equação (5.19), o deslocamento lateral que ocorre após a flambagem da coluna é representado pela variável $v = v(x)$.

Assim, a aplicação da equação da Linha Elástica fornece:

$$M = EIv'' = P(\delta - v) \tag{5.20}$$

Pode-se considerar a seguinte constante k:

$$k = \sqrt{\frac{P}{EI}} \Rightarrow \boxed{k^2 = \frac{P}{EI}} \tag{5.21}$$

A partir das Equações (5.20) e (5.21) obtém-se a equação diferencial de flambagem, que é uma EDO de 2ª ordem (devido ao termo v'') não homogênea (devido ao termo $k^2\delta$).

$$\boxed{v'' + k^2 v = k^2 \delta} \tag{5.22}$$

A solução da EDO apresentada na Equação (5.22) pode ser obtida pela soma da solução homogênea ($v_{homogênea}$) e da solução particular ($v_{particular}$) da EDO.

A solução homogênea da EDO é a mesma apresentada na Equação (5.8) e a solução particular é dada por:

$$\boxed{v_{particular} = \delta} \tag{5.23}$$

$$\boxed{v_{homogênea} = C_1 \operatorname{sen}(kx) + C_2 \cos(kx)} \tag{5.24}$$

Para verificar se as Equações (5.23) e (5.24) são realmente solução da EDO pode-se substituir as Equações (5.23) e (5.24) na Equação (5.22), obtendo-se:

$$-C_1 k^2 \operatorname{sen}(kx) - C_2 k^2 \cos(kx) + k^2[C_1 \operatorname{sen}(kx) + C_2 \cos(kx)] + \delta] = k^2 \delta$$

Portanto, as Equações (5.23) e (5.24) atendem à Equação (5.22).
Deve-se aplicar as condições de contorno para o caso específico de coluna engastada.

Condições de contorno $\begin{cases} v(x=0) = 0 \\ v'(x=L) = 0 \end{cases}$

A aplicação da 1ª condição de contorno fornece:

$$\boxed{v(x=0) = 0}$$

$$0 = C_1 \cdot \operatorname{sen}(0) + C_2 \cdot \cos(0) + \delta \Rightarrow \boxed{C_2 = -\delta}$$

A aplicação da 2ª condição de contorno fornece:

$$\boxed{v'(x=0) = 0}$$

$$0 = C_1 k \cos(0) - (-\delta) k \operatorname{sen}(0) \Rightarrow \boxed{C_1 = 0}$$

Assim, tem-se a seguinte equação da Linha Elástica:

$$\boxed{v = \delta[1 - \cos(kx)]} \tag{5.25}$$

Há uma terceira condição de contorno que pode ser usada para a obtenção da carga crítica, obtida a partir do deslocamento lateral incógnito no topo da coluna. A aplicação desta 3ª condição de contorno fornece:

$$\boxed{v(x=L) = \delta}$$

$$\Delta = \delta \cdot [1 - \cos(kL)]$$

$$\Rightarrow \boxed{\cos(kL) = 0} \tag{5.26}$$

Ou seja, a solução da Equação (5.26) implica em:

$$\boxed{kL = n \cdot \frac{\pi}{2}} \quad (n = 1, 3, 5, \ldots)$$

Na Equação (5.26), n = 0 induziria também a solução trivial, pois k = 0 e, consequentemente, P = 0 (sem aplicação de força de compressão).
Dessa forma, tem-se:

$$k = \sqrt{\frac{P}{EI}}$$

$$kL = n \cdot \frac{\pi}{2} \Rightarrow \sqrt{\frac{P_{CR}}{EI}} \cdot L = n \cdot \frac{\pi}{2}$$

$$\boxed{P_{CR} = \frac{n^2 \pi^2 EI}{L^2}} \quad (n = 1, 3, 5, \ldots) \tag{5.27}$$

A carga crítica de Euler está associada ao primeiro modo de flambagem (n = 1).

$$\boxed{P_{CR} = \frac{n^2 \pi^2 EI}{4L^2}} \tag{5.28}$$

A Equação da Linha Elástica fornece as formas dos modos de flambagem da coluna.

$$\boxed{v = \delta\left[1 - \cos\left(\frac{n\pi}{2L} x\right)\right]} \quad (n = 1, 3, 5, \ldots) \tag{5.29}$$

O primeiro modo de flambagem (n = 1) é descrito pela seguinte função:

$$\boxed{v = \delta\left[1 - \cos\left(\frac{\pi}{2} \cdot \frac{x}{L}\right)\right]} \tag{5.30}$$

Na Equação (5.30), a constante δ não é definida e pode ser positiva ou negativa, também indicando flambagem para esquerda ou para a direita. O primeiro modo de flambagem é o mais importante em termos de dimensionamento, por ter o menor valor de carga crítica. Na Figura 5.8 são apresentados os três primeiros modos de flambagem de uma coluna engastada na base, cuja linha elástica é descrita pela Equação (5.29).

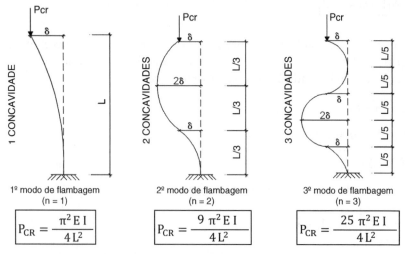

FIGURA 5.8 Três primeiros modos de flambagem da coluna engastada na base e livre no topo e suas respectivas cargas críticas.

Pelas Equações (5.12) e (5.28) é possível observar uma relação de proporcionalidade entre os valores da carga crítica referente ao primeiro modo de flambagem. Essa relação é conhecida como comprimento efetivo de flambagem da coluna (L_E), que é definido como o comprimento da coluna flambada que apresenta o mesmo comportamento da Linha Elástica da coluna flambada de Euler. Geometricamente, o comprimento efetivo de uma coluna é a maior distância entre os pontos de inflexão da linha elástica no 1º modo de flambagem. Se necessário, deve-se considerar o prolongamento da linha elástica, conforme Figura 5.9.

A fórmula do comprimento efetivo de flambagem pode ser expressa por:

$$P_{CR} = \frac{\pi^2 EI}{L_E^2}$$ (5.31)

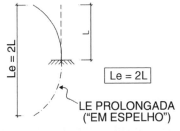

FIGURA 5.9 Comprimento efetivo de flambagem de uma coluna engastada na base e livre no topo.

Na Figura 5.10, é possível verificar os valores das cargas críticas de flambagem para diferentes condições de contorno. Verifica-se que quanto mais restrita as condições de contorno no apoio maior será o valor da carga crítica de flambagem e consequentemente mais estável será a coluna.

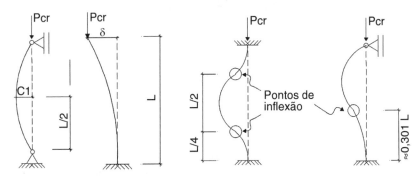

FIGURA 5.10 Cargas críticas de flambagem para o primeiro modo de flambagem em diferentes condições de contorno.

$$P_{CR} = \frac{\pi^2 EI}{L^2} \qquad P_{CR} = \frac{\pi^2 EI}{4L^2} \qquad P_{CR} = \frac{4\pi^2 EI}{L^2} \qquad P_{CR} \cong \frac{2{,}05\,\pi^2 EI}{L^2}$$

(Le = L)　　　(Le = 2L)　　　(Le = 0,5 L)　　　(Le ≅ 0,699 L)

EXERCÍCIO RESOLVIDO 5.2

Para a coluna apresentada na Figura 5.11, pede-se calcular o número mínimo de travamentos igualmente espaçados na direção z_0 para que a flambagem na coluna ocorra em relação ao eixo z_0, sabendo que o módulo de elasticidade longitudinal da coluna é constante.

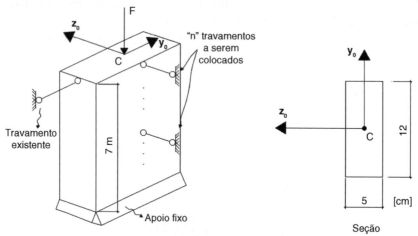

FIGURA 5.11 Coluna com seção retangular submetida à compressão aplicada no centroide.

Resolução

Observa-se pela Figura 5.11 que se as condições de contorno para a flambagem em relação aos eixos principais de inércia (y_0 e z_0) fossem iguais, a flambagem ocorreria em relação ao de menor momento de inércia (y_0).

Os valores dos momentos de inércia da seção são dados por:

$$I_{Z_0} = \frac{5 \cdot 12^3}{12} = 720 \text{ cm}^4$$

$$I_{Y_0} = \frac{12 \cdot 5^3}{12} = 125 \text{ cm}^4$$

Para a flambagem em relação ao eixo z_0 tem-se a seguinte carga crítica:

$$P_{CR} = \frac{\pi^2 \cdot E \cdot 720 \cdot 10^{-8}}{7^2} = \boxed{1,47 \cdot 10^{-6} E}$$

Para que a flambagem ocorra em relação ao eixo z_0 é necessário que a carga crítica de flambagem em relação ao eixo y_0 seja maior. Assim, a carga crítica em relação ao eixo y_0 deve levar em consideração a quantidade "n" de travamentos igualmente espaçados.

$$P_{CR} = \frac{\pi^2 \cdot E \cdot 125 \cdot 10^{-8}}{\left(\frac{7}{n}\right)^2} \geq 1,47 \cdot 10^{-6} E$$

$$8,507 \geq \left(\frac{7}{n}\right)^2$$

n ≥ 2,4 travamentos

Como o número total de travamentos deve ser inteiro: n ≥ 3 travamentos.

Para três travamentos igualmente espaçados, tem-se a seguinte carga crítica de flambagem em relação ao eixo y_0:

$$P_{CR} = \frac{\pi^2 \cdot E \cdot 125 \cdot 10^{-8}}{\left(\frac{7}{3}\right)^2} = 2,2660 \cdot 10^{-6} E$$

Como esse valor é maior que a carga crítica de flambagem calculada em relação ao eixo z_0, conclui-se que para os três travamentos igualmente espaçados a flambagem ocorrerá em relação ao eixo z_0.

5.3 EXERCÍCIOS RESOLVIDOS

5.3.1. Para a treliça da Figura 5.12, obtenha a força P admissível, usando um fator de segurança igual a 1,6. Adote a seção transversal circular maciça de 80 mm, H = L = 4000 mm, material com E = 210 GPa e σ_{esc} = 180 MPa, tanto para tração como compressão, sem flambar ou escoar.

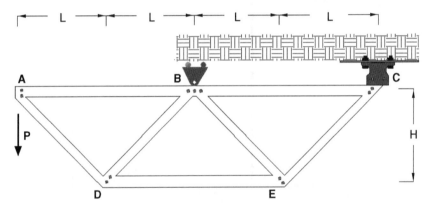

FIGURA 5.12 Treliça bi-apoiada com força concentrada.

Resolução

Os esforços na treliça são os seguintes valores: $N_{AD} = N_{CE} = -\sqrt{2} \cdot P$; $N_{AB} = N_{BC} = P$; $N_{BD} = N_{BE} = \sqrt{2} \cdot P$; $N_{DE} = -2 \cdot P$. A barra mais tracionada não pode escoar, e usando o fator de segurança indicado, tem-se a verificação:

$$\sigma_{adm} = \frac{\sigma_{esc}}{1,6} \geq \frac{N_{BD}}{\pi \cdot d^2/4} \rightarrow \frac{180 \cdot 10^3}{1,6} \geq \frac{\sqrt{2} \cdot P}{\pi \cdot 0,08^2/4} \rightarrow P \leq 399,9 \text{ kN}$$

A barra mais comprimida é a que tem maior comprimento, assim, ela é a crítica. O menor valor de índice de esbeltez para determinar se ela deve ser verificada ao escoamento ou usando a fórmula de Euler:

$$\lambda_{min} = \pi \cdot \sqrt{\frac{E}{\sigma_{esc}}} = \pi \cdot \sqrt{\frac{210 \cdot 10^3}{180}} = 107,3$$

O índice de esbeltez dessa barra que está articulada nos extremos é:

$$\lambda = \frac{L}{r} = \frac{8}{\sqrt{\frac{I}{A}}} = \frac{8}{\sqrt{\frac{\pi \cdot d^4/64}{\pi \cdot d^2/4}}} = 400$$

Portanto, usar a fórmula de Euler para determinar P_{cr}:

$$P_{cr} = \frac{\pi^2 EI}{L^2} = 65{,}1 \text{ kN, assim: } N_{DE} = 2P \leq \frac{P_{cr}}{1{,}6} \rightarrow P \leq 20{,}3 \text{ kN}$$

Confrontando as restrições de tração e compressão: $P_{adm} \leq 20{,}3$ kN

5.3.2. A barragem AB rígida da Figura 5.13A, de largura unitária e altura H, está escorada na barra CD retangular de 10 cm × 20 cm, a qual está apoiada em C e D. Obtenha a altura máxima H de modo a atender as tensões críticas sem flambar nem escoar, usando um fator de segurança igual a 2,5. Adote para a escora E = 180 GPa, σ_{esc} = 250 MPa, e peso específico de 10 kN/m³ para a água.

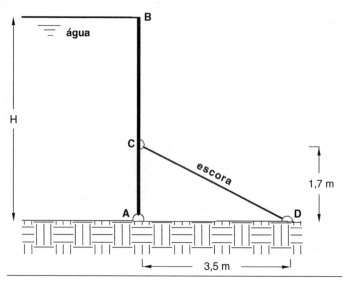

FIGURA 5.13A Barragem rígida escorada.

Resolução

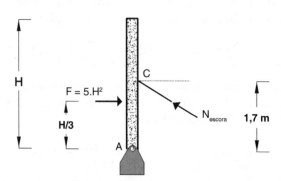

FIGURA 5.13B Indicação da geometria, ações e esforço normal da escora.

Pelo equilíbrio de momento em relação ao polo A: $N_{escora} = 1,09 \cdot H^3$ (compressão)
Determinando o menor valor de índice de esbeltez para verificar se a barra deve ser estudada ao escoamento ou usando a fórmula de Euler de flambagem:

$$\lambda_{min} = \pi \cdot \sqrt{\frac{E}{\sigma_{escoamento}}} = \pi \cdot \sqrt{\frac{180 \cdot 10^3}{250}} = 84,3$$

O maior índice de esbeltez dessa barra que está articulada nos extremos é:

$$\lambda = \frac{L}{r} = \frac{\sqrt{15,14}}{\sqrt{\frac{I_{min}}{A}}} = \frac{\sqrt{15,14}}{\sqrt{\frac{0,2 \cdot 0,1^3/12}{0,2 \cdot 0,1}}} = 134,8, \text{ portanto, usar a fórmula de Euler para}$$

determinar P_{cr}:

$$P_{cr} = \frac{\pi^2 E I}{L^2} = 1.955,7 \text{ kN, assim: } N_{escora} = 1,09 \cdot H^3 \leq \frac{P_{cr} = 1.955,7}{2,5} \rightarrow H \leq 9 \text{ m}$$

Portanto: $H_{máx} = 9$ m

5.3.3. Conforme a Figura 5.14, o pilar engastado na base com altura entre os andares de 3 m possui a seção transversal "I" indicada na figura. Na direção z entre os andares existem vigas de travamento. Obtenha a máxima carga P aplicada de modo a não flambar e não ultrapassar trecho de escoamento, com um fator de segurança igual a 1,8. Adote: E = 210 GPa, b = 300 mm, h = 150 mm, t = 40 mm e σ_{esc} = 220 MPa.

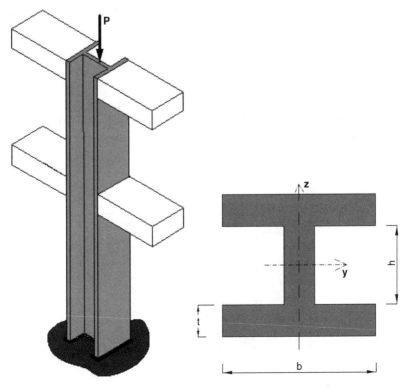

FIGURA 5.14 **Pilar engastado e fixo por vigas e sua seção transversal.**

Resolução

A área, e os momentos de inércia em relação ao seu centroide da seção são:

$A = 0,03 \text{ m}^2, I_z = 1,808 \cdot 10^{-4} \text{ m}^4 \text{ e } I_y = 2,3105 \cdot 10^{-4} \text{ m}^4$

Determinando o menor valor de índice de esbeltez para verificar se a barra deve ser estudada ao escoamento ou usando a fórmula de Euler de flambagem:

$\lambda_{min} = \pi \cdot \sqrt{\dfrac{E}{\sigma_{escoamento}}} = \pi \cdot \sqrt{\dfrac{210 \cdot 10^3}{220}} = 97,1$. Os índices de esbeltez do pilar são:

$\lambda_y = \dfrac{L_e}{r} = \dfrac{L}{r} = \dfrac{3}{\sqrt{\dfrac{2,3105 \cdot 10^{-4}}{0,03}}} = 34,2$ e $\lambda_z = \dfrac{L_e}{r} = \dfrac{2 \cdot L}{r} = \dfrac{2 \cdot (6)}{\sqrt{\dfrac{1,808 \cdot 10^{-4}}{0,03}}} = 154,6$

Assim, em relação ao eixo y, analisar a tensão no seu limite de escoamento:

$\sigma_{esc} \geq \dfrac{P}{A} \rightarrow P \leq 6.600 \text{ kN} \rightarrow P_{máx} = \dfrac{6.600}{1,8} = 3.666,7 \text{ kN}$

Na direção z, como $\lambda > \lambda_{min}$ analisar a carga crítica de flambagem com a fórmula de Euler. O pilar tem L = 6 m e restrições do tipo livre-engastado, assim:

$(P_{cr})_z = \dfrac{\pi^2 E I_z}{(2L)^2} = \dfrac{\pi^2 \cdot 210 \cdot 10^6 \cdot 1,808 \cdot 10^{-4}}{(2 \cdot 6)^2} = 2.602,3 = \dfrac{2.602,3}{1,8} = 1.445,7 \text{ kN}$

(engaste-livre)

Portanto: $P_{máx} = 1.445,7 \text{ kN}$

5.3.4. Para o problema do exercício 5.3.3., considere os mesmos dados, mas adote a seção indicada na Figura 5.15, com b = 150 mm e que tenha a mesma área daquele exercício, com o eixo y paralelo a largura b.

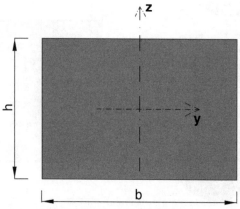

FIGURA 5.15 Seção transversal do pilar engastado e fixo pelas vigas.

Resolução

A área do perfil do exercício 5.3.3 é: A = 0,03 m². Assim, a dimensão h da seção retangular fica: h = 0,2 m. Os momentos de inércia em relação ao seu centroide são: $I_z = 5{,}625 \cdot 10^{-5}$ m⁴ e $I_y = 1 \cdot 10^{-4}$ m⁴. Os índices de esbeltez do pilar são:

$$\lambda_y = \frac{L_e}{r} = \frac{L}{r} = \frac{3}{\sqrt{\frac{1 \cdot 10^{-4}}{0{,}03}}} = 52 \text{ e } \lambda_z = \frac{L_e}{r} = \frac{2 \cdot L}{r} = \frac{2 \cdot (6)}{\sqrt{\frac{5{,}625 \cdot 10^{-5}}{0{,}03}}} = 277{,}1$$

Assim, em relação ao eixo y, analisar a tensão no seu limite de escoamento:

$$\sigma_{esc} \geq \frac{P}{A} \rightarrow P \leq 6.600 \text{ kN} \rightarrow P_{máx} = \frac{6.600}{1{,}8} = 3.666{,}7 \text{ kN}$$

Na direção z, como $\lambda > \lambda_{min}$ analisar a carga crítica de flambagem com a fórmula de Euler. O pilar tem L = 6 m e restrições do tipo engaste-livre, assim:

$$(P_{cr})_z = \frac{\pi^2 E I_z}{(2L)^2} = \frac{\pi^2 \cdot 210 \cdot 10^6 \cdot 5{,}625 \cdot 10^{-5}}{(2 \cdot 6)^2} = 809{,}6 = \frac{809{,}6}{1{,}8} = 449{,}8 \text{ kN}$$

(engaste-livre)

Portanto: $P_{máx} = 449{,}8$ kN

5.3.5. Para a treliça da Figura 5.16, considere P = 150 kN e H = 100 kN, E = 180 GPa, σ_{esc} = 150 MPa, e fator de segurança igual a 1,4. Foi medido o esforço normal na barra CD obtendo valor de 50,2 kN, de tração. Nessas condições, obtenha (a) a menor dimensão D de cada barra; (b) a menor dimensão D igual para toda a treliça.

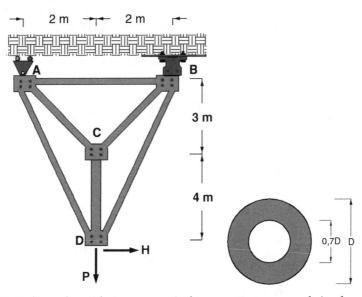

FIGURA 5.16 Treliça submetida à carga vertical com seção transversal circular vazada.

Resolução

Calculando os esforços normais nas barras, fazendo equilíbrio dos nós com o uso da normal na barra CD, os esforços na treliça são os seguintes: $N_{AB} = -81$ kN; $N_{AD} = 234$ kN; $N_{AC} = N_{BC} = 30,1$ kN; $N_{BD} = -130$ kN. A área, e o momento de inércia da seção são: $A = \frac{\pi}{4}[D^2 - (0,7 \cdot D)^2] = 0,4 \cdot D^2$ e $I = \frac{\pi}{64} \cdot [D^4 - (0,7 \cdot D)^4] = 0,0373 \cdot D^4$.

As barras tracionadas não podem escoar, e usando o fator de segurança, tem-se a verificação para cada barra:

$$(AD)\ \frac{\sigma_{esc}}{1,4} = \frac{150 \cdot 10^3}{1,4} \geq \frac{234}{0,4 \cdot D^2} \rightarrow D \geq 0,074 \text{ m}$$

$$(AC/BC)\ \frac{\sigma_{esc}}{1,4} = \frac{150 \cdot 10^3}{1,4} \geq \frac{30,1}{0,4 \cdot D^2} \rightarrow D \geq 0,027 \text{ m}$$

$$(CD)\ \frac{\sigma_{esc}}{1,4} = \frac{150 \cdot 10^3}{1,4} \geq \frac{50,2}{0,4 \cdot D^2} \rightarrow D \geq 0,034 \text{ m}$$

Determinar para as barras comprimidas o valor de índice de esbeltez mínimo para validade da fórmula de Euler:

$$\lambda_{min} = \pi \cdot \sqrt{\frac{E}{\sigma_{esc}}} = \pi \cdot \sqrt{\frac{180 \cdot 10^3}{150}} = 108,8$$

Os índices de esbeltez das barras são:

$$\lambda_{AB} = \left(\frac{L}{r}\right)_{AB} = \frac{4}{\sqrt{\frac{0,0373 \cdot D^4}{0,4 \cdot D^2}}} = \frac{13,1}{D} \text{ e } \lambda_{BD} = \left(\frac{L}{r}\right)_{BD} = \frac{\sqrt{53}}{\sqrt{\frac{0,0373 \cdot D^4}{0,4 \cdot D^2}}} = \frac{23,8}{D}$$

Como não se conhecem os valores de D, supor que estejam no trecho que vale a fórmula de Euler nas barras AB e BD:

$$(AB)\ P_{cr} = \frac{1}{FS} \cdot \frac{\pi^2 E I}{(L)^2} = \frac{1}{1,4} \cdot \frac{\pi^2 \cdot 180 \cdot 10^6 \cdot 0,0373 \cdot D^4}{4^2} \geq N_{AB} = 81 \rightarrow D \geq 0,072 \text{ m}$$

$$(BD)\ P_{cr} = \frac{1}{FS} \cdot \frac{\pi^2 E I}{(L)^2} = \frac{1}{1,4} \cdot \frac{\pi^2 \cdot 180 \cdot 10^6 \cdot 0,0373 \cdot D^4}{\left(\sqrt{53}\right)^2} \geq N_{BD} = 130 \rightarrow D \geq 0,11 \text{ m}$$

Se fosse trecho onde não ultrapasse λ_{min}, bastaria verificar a tensão de compressão:

$$(AB)\ \frac{\sigma_{esc}}{1,4} = \frac{150 \cdot 10^3}{1,4} \geq \frac{81}{0,4 \cdot D^2} \rightarrow D \geq 0,043 \text{ m}$$

$$(BD)\ \frac{\sigma_{esc}}{1,4} = \frac{150 \cdot 10^3}{1,4} \geq \frac{130}{0,4 \cdot D^2} \rightarrow D \geq 0,055 \text{ m}$$

Como no caso de compressão, os diâmetros mínimos necessários recaem aos trechos onde deve ser aplicada a fórmula de Euler, assim tem-se os diâmetros:

(a) $D_{AB} = 72$ mm; $D_{BD} = 110$ mm; $D_{AD} = 74$ mm; $D_{AC} = D_{BC} = 27$ mm; $D_{CD} = 34$ mm
(b) $\max(D_i) = 110$ mm

5.3.6. Para o pilar de altura 3,4 m, conforme esquematizado na Figura 5.17, sabe-se que P = 250 kN, e com sua seção de perfil I com h = 80 mm, b = 120 mm e t = 20 mm, E = 210 GPa e σ_{esc} = 400 MPa. Determine o fator de segurança do pilar.

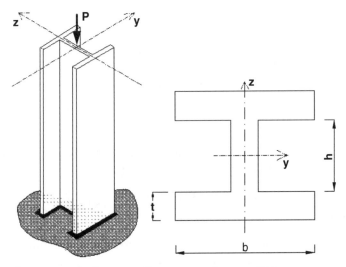

FIGURA 5.17 **Pilar engastado-livre e seção transversal em perfil I.**

Resolução
A área, e os momentos de inércia em relação ao seu centroide são: A = $6,4 \cdot 10^{-3}$ m², $I_z = 5,8133 \cdot 10^{-6}$ m⁴, $I_y = 1,30313 \cdot 10^{-5}$ m⁴. Determinar para as barras comprimidas o valor de índice de esbeltez mínimo para validade da fórmula de Euler:

$$\lambda_{min} = \pi \cdot \sqrt{\frac{E}{\sigma_{esc}}} = \pi \cdot \sqrt{\frac{210 \cdot 10^3}{400}} = 72$$

Os índices de esbeltez são:

$$\lambda_y = \left(\frac{2L}{r}\right)_y = \frac{2 \cdot 3,4}{\sqrt{\frac{1,3013 \cdot 10^{-5}}{6,4 \cdot 10^{-3}}}} = 150,8$$

$$\lambda_z = \left(\frac{2L}{r}\right)_z = \frac{2 \cdot 3,4}{\sqrt{\frac{5,8133 \cdot 10^{-6}}{6,4 \cdot 10^{-3}}}} = 225,6$$

Como as duas esbeltez estão acima da mínima, usar a fórmula de Euler nas duas direções:

$$(P_{cr})_z = \frac{\pi^2 E I_z}{(2L)^2} = \frac{\pi^2 \cdot 210 \cdot 10^6 \cdot 5{,}8133 \cdot 10^{-6}}{(2 \cdot 3{,}4)^2} = 260{,}6 \text{ kN}$$

$$e\ (P_{cr})_y = \frac{\pi^2 E I_y}{(2L)^2} = \frac{\pi^2 \cdot 210 \cdot 10^6 \cdot 1{,}3013 \cdot 10^{-5}}{(2 \cdot 3{,}4)^2} = 583{,}3 \text{ kN}$$

Os fatores de segurança ficam:

$$FS_z = \frac{(P_{cr})_z}{P} = \frac{260{,}6}{250} = 1{,}04 \text{ e } FS_y = \frac{(P_{cr})_y}{P} = \frac{583{,}3}{250} = 2{,}33$$

O fator de segurança do pilar é o menor: FS = 1,04

5.3.7. Para o exemplo 5.3.6, considere que o pilar esteja fixo nas duas direções no ponto de aplicação da força P e engastado na outra extremidade. Obtenha uma solução de contraventamento em uma única direção, de modo a obter a melhor eficiência do pilar.

Resolução

Como a direção z é a menos eficiente, pois $I_z < I_y$, contraventar a direção z de modo a igualar as cargas críticas nas duas direções. Assim:

$$(P_{cr})_y = \frac{\pi^2 E I_y}{(0{,}7L)^2} = \frac{\pi^2 \cdot 210 \cdot 10^6 \cdot 1{,}3013 \cdot 10^{-5}}{(0{,}7 \cdot 3{,}4)^2} = 4.761{,}5 \text{ kN}$$

Pela Figura 5.18B, obter uma distância x, como origem o ponto do engaste para contraventar o pilar na direção y, de modo que:

$$(P_{cr})_z = \frac{\pi^2 E I_z}{(0{,}7 xL)^2} = \frac{\pi^2 \cdot 210 \cdot 10^6 \cdot 5{,}8133 \cdot 10^{-6}}{(0{,}7 \cdot x \cdot 3{,}4)^2} = \frac{2.127{,}1}{x^2}$$

Obtendo a mesma eficiência, então leva à relação:

$$(P_{cr})_z = (P_{cr})_y \to 4.761{,}5 = \frac{2.127{,}1}{x^2} \to x = 0{,}67$$

Ou seja, x = 67% de L = 0,67.3,4 m = 2,3 m.
Ou seja, a Figura 5.18B apresenta a posição do contraventamento.

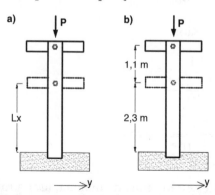

FIGURA 5.18A e B (a) Pilar fixo-engastado com posição do contraventamento a ser obtido; (b) posição final do contraventamento.

5.3.8. O pilar de uma galeria está engastado na base e no topo de uma laje, indicado na Figura 5.19. Sua seção é retangular de dimensões (12 cm ×15 cm) com σ_{esc} = 28 MPa, E = 21 GPa e a altura do pilar 6,5 m. Obtenha a máxima sobrecarga Q na laje atuando simetricamente com o eixo do pilar, de modo que ele não flambe ou escoe, considere um fator de segurança igual a 1,4.

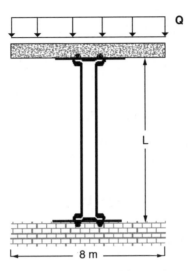

FIGURA 5.19 Pilar engastado-engastado de um edifício sob carga distribuída.

Resolução

A área e o menor momento de inércia em relação ao seu centroide são: A = 0,018 m², I_{min} = 2,16 · 10⁻⁵ m⁴. Determinar o valor de índice de esbeltez mínimo para validade da fórmula de Euler: $\lambda_{min} = \pi \cdot \sqrt{\dfrac{E}{\sigma_{esc}}} = \pi \cdot \sqrt{\dfrac{21 \cdot 10^3}{28}} = 86$. O maior índice de esbeltez é:

$$\lambda_{max} = \frac{0,5 \cdot L}{r} = \frac{0,5 \cdot 6,5}{\sqrt{\dfrac{2,16 \cdot 10^{-5}}{0,018}}} = 93,8$$

Assim, é necessário usar a fórmula de Euler para determinar a carga crítica:

$$P_{cr} = \frac{\pi^2 E I_{min}}{(0,5 L)^2} = \frac{\pi^2 \cdot 21 \cdot 10^6 \cdot 2,16 \cdot 10^{-5}}{(0,5 \cdot 6,5)^2} = 423,8 \text{ kN}$$

Então: $\dfrac{P_{cr}}{FS} \geq P \rightarrow \dfrac{423,8}{1,4} \geq Q \cdot 8 \rightarrow Q \leq 37,8$ kN/m

Portanto: Q_{max} = 37,8 kN/m

5.3.9. Refaça o exercício 5.3.8, considerando que a ligação pilar/laje seja um pino, isto é, um apoio fixo.

Resolução

O valor de índice de esbeltez mínimo para validade da fórmula de Euler:

$$\lambda_{min} = \pi \cdot \sqrt{\frac{E}{\sigma_{esc}}} = \pi \cdot \sqrt{\frac{21 \cdot 10^3}{28}} = 86$$

O maior índice de esbeltez é: $\lambda_{max} = \dfrac{0,7 \cdot L}{r} = \dfrac{0,7 \cdot 6,5}{\sqrt{\dfrac{2,16 \cdot 10^{-5}}{0,018}}} = 131,3$

Assim é necessário usar a fórmula de Euler para determinar carga crítica:

$$P_{cr} = \frac{\pi^2 E I_{min}}{(0,7 \cdot L)^2} = \frac{\pi^2 \cdot 21 \cdot 10^6 \cdot 2,16 \cdot 10^{-5}}{(0,7 \cdot 6,5)^2} = 216,2 \text{ kN}$$

Então: $\dfrac{P_{cr}}{FS} \geq P \rightarrow \dfrac{216,2}{1,4} \geq Q \cdot 8 \rightarrow Q \leq 19,3$ kN/m

Portanto: $Q_{max} = 19,3$ kN/m

5.3.10. Refaça o exercício 5.3.8, mas considere a seção transversal circular vazada da Figura 5.16, com D = 100 mm.

Resolução

A área, e o momento de inércia da seção são:

$$A = \frac{\pi}{4}[D^2 - (0,7 \cdot D)^2] = 0,4 \cdot D^2 = 4 \cdot 10^{-3} \text{ m}^2 \text{ e}$$

$$I = \frac{\pi}{64} \cdot [D^4 - (0,7 \cdot D)^4] = 0,0373 \cdot D^4 = 3,73 \cdot 10^{-6} \text{ m}^4.$$

O valor de índice de esbeltez mínimo para validade da fórmula de Euler: $\lambda_{min} = 86$
O maior índice de esbeltez é:

$$\lambda_{max} = \frac{0,5L}{r} = \frac{0,5 \cdot 6,5}{\sqrt{\dfrac{3,73 \cdot 10^{-6}}{4 \cdot 10^{-3}}}} = 106,4$$

Assim, é necessário usar a fórmula de Euler para determinar carga crítica:

$\dfrac{P_{cr}}{FS} \geq P \rightarrow \dfrac{73,2}{1,4} \geq Q \cdot 8 \rightarrow Q \leq 6,5$ kN/m

Então: $\dfrac{P_{cr}}{FS} \geq P \rightarrow \dfrac{73,2}{1,4} \geq Q \cdot 8 \rightarrow Q \leq 6,5$ kN/m

Portanto: $Q_{máx} = 6,5$ kN/m

Referências

BEER, F.P.; JOHNSTON Jr., E.R. (1989) *Resistência dos materiais*. 2ª ed. São Paulo: Mc-Graw-Hill do Brasil.

DARKOV, A.; KUZNETSOV, V. (1989) *Structural mechanics*. 3. ed. Moscou: Mir Publishers.

GRECO, M.; MACIEL, D.N. (2016) *Resistência dos materiais: uma abordagem sintética* 1. ed. Rio de Janeiro: Elsevier.

HIGDON, A.; OHLSEN, E.H.; STILES, W.B.; WEESE, J.A.; RILEY, W.F. (1981) *Mecânica dos materiais*. 3ª ed. Rio de Janeiro: Guanabara Dois.

e-volution
Sua biblioteca conectada com o futuro

A Biblioteca do futuro chegou!

Conheça o e-volution: a biblioteca virtual multimídia da Elsevier para o aprendizado inteligente, que oferece uma experiência completa de ensino e aprendizagem a todos os usuários.

Conteúdo Confiável
Consagrados títulos Elsevier nas áreas de humanas, exatas e saúde.

Uma experiência muito além do e-book
Amplo conteúdo multimídia que inclui vídeos, animações, banco de imagens para download, testes com perguntas e respostas e muito mais.

Interativo
Realce o conteúdo, faça anotações virtuais e marcações de página. Compartilhe informações por e-mail e redes sociais.

Prático
Aplicativo para acesso mobile e download ilimitado de e-books que permite acesso a qualquer hora e em qualquer lugar.

www.elsevier.com.br/evolution

Para mais informações consulte o(a) bibliotecário(a) de sua instituição.

Empowering Knowledge

ELSEVIER